著
／
胡志洪
胡明旻

U0347841

上海家门

消逝中的城市记忆

同济大学 出版社
TONGJI UNIVERSITY PRESS
中国·上海

图书在版编目（CIP）数据

上海家门 : 消逝中的城市记忆 / 胡志洪 , 胡明旻著
. -- 上海 : 同济大学出版社 , 2020.9
ISBN 978-7-5608-9478-2

Ⅰ . ①上… Ⅱ . ①胡… ②胡… Ⅲ . ①民居－建筑艺
术－上海－摄影集 Ⅳ . ① TU241.5-64

中国版本图书馆 CIP 数据核字 (2020) 第 168561 号

上海家门：消逝中的城市记忆

胡志洪　胡明旻　著

出 品 人　华春荣
责任编辑　由爱华　孙 彬
责任校对　徐春莲
装帧设计　钱如潺

出版发行: 同济大学出版社
地址: 上海市杨浦区四平路 1239 号
电话: 021-65985622
邮政编码: 200092
网址: www.tongjipress.com.cn
经销: 全国各地新华书店
印刷: 上海安枫印务有限公司
开本 : 889mm×1194mm　1/32
字数: 215 000
印张: 8
版次: 2020 年 9 月第 1 版　2020 年 9 月第 1 次印刷
书号: ISBN 978-7-5608-9478-2
定价: 58.00 元

序：枨触情怀念家门

弄堂与石库门住宅是近代上海民居的起点。一些最具特色的市民住宅分布在早期的中心城区。19世纪中叶，上海开始出现西式和中西合璧的住宅，石库门便由源自江南民居的构筑与风情加以时代的创意，以其独特的住宅风格展现出上海家门的风貌。到20世纪初，弄堂建筑的发展进入鼎盛期，新落成的石库门里弄成百上千。当时的情景，常常是马路一边砖瓦梁架、石拱满地，而另一边则是"万户千门入画图"，构筑了上海独特的图景。

然而，世纪末却上演了明珠上海的又一幕。随着上海住宅建设和市政建设突飞猛进的发展，许多老房子、石库门的拆除已不可避免。晨雾中一排排里弄山墙被推倒，那些熟悉的家门来不及向远离的亲朋告别，就悄悄地从上海的群楼中蓦然退场，成为消逝中的城市记忆。同时，马路的另一边，一幢幢华丽的高楼大厦正在耸起。

早期的里弄是宁波红石铺出的狭窄弄堂，一个半世纪以来，几代人曾生活在这里。在一道道石库门里弄门前，多少人曾度过了人生中尽情嬉逐的童年时光。古朴典雅的"上海家门"，使得多少返回故里的鬓白老翁心里溢出沉沉的眷恋。上海弄堂晨曦中那份静谧，晚昏灶间那份忙碌，门对着门的呼唤，饱含邻里相亲的友情，有着上海人数不清的故事。

上海的住宅模式从砖砌老洋房、老弄堂到新式里弄、花园里弄、公寓里弄的不断变化持续了一个多世纪。上海石库门的单体结构与毗连方式从乡土民居发展到今天，在不同文化融合的背景下随俗雅化，绘成一幅少有的"海派"画卷。一代曾"倚着墙柱"长大的上海人，以惜别老家之情见证了上海民居建筑的这一历史巨变。抚今思前，枨触情怀念家门。

里弄装饰贯穿东西，上下古今，居家参与设计颇寻常。闯滩、冒险、互助与睦邻、经典与粗糙艺术糅杂在里弄，城市感染力世所罕见。20世纪末，瑞士建筑师帕斯卡尔·安富曾穿行在上海弄堂之间，并写道："对于外国人来说，上海是因其外滩的高楼大厦而闻名，当我们步入这座城市时，看到那层出不穷的里弄，我们一定会感到这实际上才真正是一座20世纪的建筑博物馆。"

19—20世纪的上海，里弄曾集聚许多近代学者、士绅与望族，其中不乏有人因战乱舍弃了江南大宅或舒适的四合院，迁居到狭窄的弄堂寓所或亭子间里。那些移居陋屋且乡音各异的上海人并没有在艰难的生活中消沉，在封建桎梏末期，正是上海里弄为他们提供了一方栖身之所。

但是"海氛甚恶"几乎是正统士人的共识。据《同治上海县志》序言记载："华裔错处，婆罗门教窟宅滋蔓，邪说诐行，视为故常，而士几非昔之士。"言辞间难掩对沪上现象的反感与嘲讽，但百年上海得以先行，就是在放眼世界的学习中巨变。

回顾里弄，人杰地灵，不难发现上海文化人在里弄的聚合与离散恰为里弄的兴衰。书中一幅幅珍贵的里弄老照片记录了前辈在里弄深巷所孕育的爱国情怀与对生活的热情，还有他们的快乐与艰辛。

目 录

花草纹饰的石库门

县左街 19 号

粗齿三角檐，卷边山花饰。旧式住宅，清水砖外墙。砖木结构二层楼房，三间二厢式沿街石库门。

大兴里 江阴路 83 弄 5 号

半圆檐粗齿、卷边山花、缠枝等纹饰。1928 年建，清水砖墙，弄内二层石库门住宅 3 幢。

同裕里 江阴路 136 号

半圆檐，双山花、缠草纹饰和风格独特的卷草柱饰。沿街石库门，门饰华丽。原为成衣铺与当铺，1915 年建，弄内砖木结构二层楼房 7 幢。

均益里 黄陂南路 429 弄 4 号（已拆）

粗齿半圆檐，山花卷叶饰。1923 年建，弄内砖木结构二层楼房 25 幢，弄堂口原为「上寿堂国药号」。

安顺里 山海关路 274 弄

弄堂过街楼的山墙装饰团花与卷边山花，柱肩的装饰也十分精美。1926 年建，老式石库门二层砖木楼房 17 幢，主道南北走向，长约 100 米。

江夏坊 面筋弄18号

浅弓形檐悬柱饰，装饰山花与蔓草。砖木结构二层老式沿街石库门，旧式里弄，弄内4幢住宅。

霞飞巷 成都南路 99 弄 3 号

雍容华贵的璎珞纹山花与垂草饰，底纹绸带飘舞。柱上葡萄纹，门匾刻回纹花边等。

老式石库门弄堂，弄内砖木结构三层楼房 8 幢。

慈厚北里 南京西路 1451 弄 18 号

半圆檐拱顶石饰，刻山花、蔓草、卷叶支托等。1916 年前建，砖木结构石库门建筑 135 幢，以「佛的慈悲」得名。

松云里 倒川弄 85 号

门额三角檐饰山花、蔓草卷叶等。双天井, 砖木结构二层石库门住宅 4 幢, 内有小巷。

张家弄 55 号（已拆）

老式石库门，卷边山花、阔叶缠枝纹，横匾刻精细回纹。三间二厢式二层石库门住宅，清水砖外墙，曾为老城区象牙业小学。张家弄曾名"张家花园弄""张家街"。

仁泽里 孔家弄 89 号

盂形檐饰卷边山花及花匾。多间二厢联排式住宅，沿街砖木结构二层楼房 5 幢，弄内 2 幢老式石库门。

松柏里　延安东路 1462 弄 161 号（已拆）

三角檐饰山花、蔓草卷叶等。较典型的三间二厢式石库门。1924 年建，二层砖木结构石库门住宅 3 幢。

蕃衍里　凤阳路542弄（已拆）

瓜形山花，饰以丰羽、卷耳等，汰石子墙面，腰檐线下泰山砖贴面。1930年建，砖木结构二层楼房，四间二厢式与三间二厢式住宅23幢，主道向南，长约64米。

永庆坊 大沽路 506 弄 57 号（已拆）

浅弓形檐，饰山花与蔓草纹、字框式壁柱。1925 年建，清水砖木结构二层楼房 89 幢，总弄长约 84 米，联排式石库门住宅，为降低成本门框改用水泥磨石子。

咸益里 重庆北路 310 弄 15 号（已拆）

浅拱砖檐，山花与垂草饰。1916 年前建，砖木结构二层楼房 31 幢，主道长约 160 米，支弄有典型的砖拱分隔空间。

洪安坊 天潼路 799 弄 116 支弄 (已拆)

半圆檐，饰卷边山花，刻璎珞与卷叶蔓草。1900 年建，位于唐家弄东支弄，老式石库门，砖木结构二层楼房 6 幢，弄堂东西走向，长约 15 米。

永宁坊 康定路 733 弄 3 号（已拆）

浅弓檐门饰，配以镜面山花与垂草饰，框式壁柱。永宁坊为绿阳邨支弄，嵌灰缝清水砖墙，五间二厢式的新式石库门，弄长约 20 米。康定路修筑于清光绪三十二年（1906 年），曾名「康脑脱路」，1943 年改为现名。

双梅邨 太原路 199 弄 6 号

半圆檐，卷草的额头花，立柱小门廊。1934 年建，新式里弄，四层楼房 6 幢，因"梅"字辈姐妹而得名。太原路修筑于民国七年（1918 年），原名"台拉斯脱路"，1943 年改为现名。

马街 58 号（已拆）

门楣半圆檐，饰卷边山花与碗纹缠枝，石库门整体立面华丽端庄。58 号为二间一厢老式住宅，正面朝东，位于方浜中路的原东马桥北堍，填方浜前的马街虽窄却是南北向的主道之一。席氏、郁氏等中医和郁良心国药中药号曾集聚于此。

惟庆里 天津路 247 弄 8 号

浅弓檐、山花等门饰。1916 年前建，弄内砖木结构二层楼房 5 幢，弄堂长约 50 米，原大多为钱庄、绸庄，惟庆里 8 号原为瑞蚨祥申庄。天津路修筑于清咸丰元年（1851 年），曾名「五球柱弄」「球场弄」「致远街」，俗称「后马路」。

聂家花园 霍山路 274 号（已拆）

1921 年建，三间二厢石库门，砖木结构假三层带花园楼房，占地约 3 亩，后门门牌为霍山路 274 号。原为上海道台聂缉椝夫人曾纪芬（1852—1942）的家族园地。霍山路曾名"威赛路""汇山路"。

31

永利坊 石门一路 216 弄 31 号（已拆）

1929 年建，砖木结构二层楼房 22 幢。弄堂与大中里仅一墙之隔，打通后主道变得很宽。

渔阳里 淮海中路 567 弄

1912 年建，二层石库门楼房 33 幢，1957 年复用原名。弄内 6 号为中国社会主义青年团中央机关旧址。

树德北里 兴业路 80 弄

1911 年建，砖木结构二层老式石库门住宅 21 幢。树德北里是其他弄堂出入共享的总弄，包括：树德里、永庆坊、吉平里、福芝坊、聿德里、昌星里、居仁里。

江夏里 净土路 85 弄（已拆）

粗齿三角檐门饰，刻山花及卷叶纹。弄内砖木结构二层楼房 9 幢，单间联排的老式石库门二列。

严正记 乌鲁木齐北路 30 弄 43 支弄（已拆）

三角檐门饰，山花与蔓纹装饰。砖木结构三层大型石库门住宅群，前厢房屋面置中式亭阁，宅内大天井，围廊是传统纹饰的铁栅栏。

武康路 40 弄 1 号

花园住宅，1 号为古典式门饰，华丽的山花。西班牙式三层楼房，半围合平面，
筒瓦缓坡顶。1932 年由董大酉设计，曾为唐绍仪等名人寓所。40 弄为花园里弄，
弄内花园住宅 5 幢。武康路修筑于清光绪三十二年（1906 年），曾名"福开森路"。

俞家弄 71 号

半圆檐石库门，门额及双柱饰卷边山花。旧式住宅，砖木结构三层楼房 1 幢，三间二厢式石库门，嵌灰缝清水砖墙。

上海里弄的卷边花饰带有东方的温馨与生命气息，面街山花的设计尤为华丽多姿，卷边多样，特别有个性。

　　如果说华严里的山花似秀发卷曲的少女，那霍山路 274 号的山花就像和蔼可亲的外婆了。山花的形状各异，有衔枝卷边的（洪安坊）、璎珞项链的（霞飞巷）、授带佩胸的（永宸里）、双鱼形的（渔阳里）、卷革形的（双梅邨），等等。

　　上海里弄还有斧形、蚌形、扇形等丰富的卷边花饰。卷边花饰是盾形与花环的结合，华丽的卷边山花体现了巴洛克风格，广泛见于建筑的外墙与门饰。这种花饰的优美形态在建筑上反复呈现时，并不使人觉得累赘。盾形城徽、旗徽、臂徽曾是西方传统标志，盾形装饰因寓意祈求平安已被普遍接受。

华严里威海路 590 弄 56 支弄

西藏南路 276 号（已拆）

九江路 85 号

渔阳里淮海中路 567 弄

武夷路 49 号

安福路 259 号

CATV

3
孔家弄一一九号

萃英里 孔家弄 119 弄 3 号

门楣上刻垂草饰。弄内砖木结构二层楼房 4 幢，以四间两厢与三间一厢式为主。

70
巡道街

巡道街 70 号

街角的一幢老式石库门，装饰山花垂草，砖木结构二层清水砖墙，原门匾为"庆余堂"。

椿萱里 方浜中路578弄（已拆）

壁柱装饰垂草，弄堂长约65米。「椿萱」比喻父母，表达了对父母高寿健在的喜悦，曾有「堂上椿萱雪满头」的诗句。

草鞋湾路 40 号（已拆）

门额饰垂草与卷耳纹饰，整体质朴端庄。三间二厢式老式石库门，20世纪20年代建，砖木结构二层楼房 2 幢，外墙清水砖砌筑。草鞋湾路因填草鞋湾浜得名，曾名"万宁桥南街"。

如意里 西藏南路 454 弄 5 号（已拆）

柱头卷草，垂葡萄纹。1929 年建，弄内三层砖木结构楼房 8 幢，嵌灰缝清水砖墙，弄堂长约 30 米。

威凤里 威海路 502 弄 32 号（已拆）

门额两侧刻垂草饰。1916 年前建，砖木结构二层楼房 20 幢，32 号为
三间二厢式石库门，门朝西。

乔家栅 36 号

二间一厢式老式石库门，嵌灰缝清水砖外墙，门额对称垂草小饰，门楣青砖四字匾，柱头砖饰碗纹卷叶。乔家栅曾名"乔家弄"。

垂草饰在上海家门的装饰中是较多采用的一类素材，主要有垂草、卷草及弓形草等图案。较为专业的垂草装饰范例，无论简繁均有极高的观赏性。例如塘沽路960号、吉安路20弄的山墙等，既符合地方特点又不拘泥于概念。多数石库门或里弄山墙的垂草装饰往往带有浓厚的东方特点和韵味，其造型具有草叶繁茂、多籽、多果实和小枝叶等特点。如方浜中路椿萱里多籽多果的垂草、梧州路觉庐的弓形草结，都是一些饱满的形状。除了作主题装饰的，多数垂草装饰是作陪衬之用的。

义业里 吉安路 20 弄（已拆）

聚源里 塘沽路 960 号（已拆）

觉庐 梧州路 392 号

安顺里 山海关路 282 号

3

慈惠里　陕西北路 119 弄 3 号

门上配花环饰，墙头沿口有花边装饰。1934 年建，砖木结构二层石库门住宅 46 幢，以四间
二厢联排式为主，弄堂主道长约 100 米。

永乐邨 建国西路 66 弄

门头饰小三角檐，柱上有环状花饰，中间装饰多籽果实等图案。弄内砖木结构二层楼房 2 幢，四间二厢式老式石库门里弄。

东鲁里 翁家弄103弄

门头为半圆檐简洁花环装饰。老城厢石库门，门对门的小型封闭弄堂住宅，
砖木结构二层楼房 3 幢。

昼锦路 86 号

"凸"字形山墙,檐口荷叶边纹饰,墙面花环饰由花、果籽、草束构成。砖木结构二层楼房 1 幢,二间一厢式石库门,原为万亨糖行。

福临里 复兴中路 106 弄 32 号（已拆）

门上是藕节装饰的花环，寓意生生不息。福临里，老式石库门里弄，砖木结构二层楼房 49 幢。

凌明里 老硝皮弄 13 弄（已拆）

门额配花环与弓形草饰，卷耳支托。31 号为二间一厢式街角石库门，砖木结构二层楼房，弄堂较窄，长约 25 米。

35

恒庆里 黄陂南路 873 弄

门上镜面山花与垂草饰。1927 年建，多间联排式建筑，老式石库门里弄。黄陂南路修筑于清光绪二十七年（1901 年），初名"峨眉山路"，1906 年改名为"贝勒路"。

早在古埃及法老图坦卡蒙金棺内已出现小花环的饰品，这是较早以编织花环作为原形的尊贵装饰的形迹。在希腊古典时代的史学家色诺芬、诗人提奥克里图斯的画像中，他们都戴着编织的天然花环，这在当时可能是一种荣耀的象征。[①]古希腊人将信鸽衔橄榄枝视为平安吉兆，所以橄榄枝扎成的花环代表人类理性、和平与爱心的呼唤，这也许是花环饰成为建筑装饰的原因之一。在奥林匹克的故乡，当代希腊人也用花环来奖励奥运优胜者。

上海住宅的花环饰大多位于弄堂山墙或门额、门柱上。花环的造型则有东西方融合的文化烙印，有的配以缠枝，有的则迎合地方风俗。如铭兴里的花环是与缠枝纹组合的，比例关系也比较规整。黄陂南路575号山墙的花环则带有较强的风俗化特点，如饱满的小果、多节与肥大的枝叶等。再如福临里的花环是藕节连环的，每节还生出小芽。明德里的花环捆扎草束特别多，鼎臣里的花环丰硕饱满，腾凤里的花环则小果很多，等等。

腾凤里 四川中路572弄

南克俭里 吴淞路616弄（已拆）

大福里 延庆路29弄

黄陂南路575号

宁波路316号

①郭豫斌主编，《西方古文明》，北京出版社，2005年版，第157、174页。

三多里 成都北路 490 弄 7 号（已拆）

门头楔形砖饰团花，曲线优美，门楣蔓草图案，是少见的团花纹石库门门额。1913 年建，砖木结构二层石库门建筑 17 幢，分列 6 条直弄。

德兴里 牛庄路 731 弄

门额饰阔叶团花纹及菱形纹、回纹等。1928 年建，砖木结构三间二厢式二层石库门建筑
1 幢，弄长约 23 米。弄内其余均为沿街店铺的后门。

方浜中路 555 号（已拆）

福如里 威海路 590 弄 61 支弄

种德里 青莲街 172 弄 1 号（已拆）

太原坊 广西南路 155 弄

    团花纹在上海民宅中通常可见于山墙的顶部。早期的里弄团花纹是由楔形砖与檐齿构成的砖饰。由缠枝、阔叶、碗纹等组合成折枝花等图案，后期选用粉灰制作的浮雕，则更精细。

    团花也称"球花、圆花"，象征着团圆、和谐和美满。商周青铜镜，镜面圆形内是很精致的组合纹饰。殷墟青铜镜常绘以复杂的几何纹与祥兽纹。唐代的团花亦称"团窠"，以小团花植物纹为流行，常用作牡丹织锦、铜镜与瓷器的图案。宋代瓷器、服饰更常使用团花图案，以莲花、海石榴、字纹等为主。明清时期盛行的团花形体稍大一些。

    团花在民宅中的使用主要体现在山墙上。古时房屋两端墙面搏风板的正中悬鱼，最初是为赞颂东汉南阳太守羊续廉洁自律的品质而为，因搏风处雕有鱼的造型得名"悬鱼"，以后的装饰虽已脱离原形而形态多样，但仍延用"悬鱼"一词。

余庆里 云南南路 346 弄 15 号

老式里弄，多间联排式建筑 2 列，砖木结构二层楼房 30 幢，主道长约 95 米。门饰为粗齿半圆檐、满底小花缠枝纹、卷耳支托等图案。

纯德里 东台路 381 弄 28 号（已拆）

浅圆檐缠枝纹。1912 年建，砖木结构二层楼房 52 幢，多间联排老式石库门里弄，
主道长约 70 米。东台路修筑于清光绪二十八年（1902 年），初名"泰山路"，
1906 年改名为"安纳金路"。

会馆码头街 123 号（已拆）

浅弓形檐，墙线过门额，对称阔叶纹，横额花匾三块。建筑为沿街高墙型石库门，三间二厢式楼房，砖木结构二层 5 幢毗连。会馆码头街曾名"南会馆横街"，以原址的会馆码头得名。

威海路 270 号（已拆）

门饰三角檐，阔叶卷草伸入檐齿，半圆龛式门券，卷叶立柱装饰。旧式住宅，嵌灰缝清水砖墙，三间二厢式沿街石库门建筑。

延陵里 万裕街 26 弄 2 号（已拆）

门饰香蒲卷草，灰底汰石子，制作精细。二间一厢 2 幢毗连石库门，坐西朝东。旧式里弄，弄堂长约 15 米。南与德善堂宅毗连。万裕街因万裕码头而得名。

聚兴坊 凤阳路 434 弄（已拆）

六合坊 建国东路 17 弄

遂庐 康定路 114 号（已拆）

嘉庐 北京西路 1592 弄 1 号

联源里 木桥街 28 弄

民国初年的上海门饰早已摆脱牌科式的墙门装饰，石库门的门楣、窗楣可以见到浅浮雕式的缠枝纹装饰。这种变化的形成除得益于海氛的渲染，更依赖于中华民族悠久的纹饰传统，如精美的描瓷缠纹、丰富的民间花卉刺绣等。自古以来，家庭的手绣衣衫、绣花鞋、丝绣枕等绣品就十分普及。旧时，几乎家家少女都是绣花高手，主妇们对花纹图样的品评，堪比奥地利维也纳人对音乐的挑剔。

上海门楣的纹饰有碗纹、萱草、荷叶、玫瑰、棕榈和卷叶山花等，常见对称构图。制作的选材有石雕、砖刻、汰石子及粉灰等。

裕德里 云南中路 28 弄（已拆）

门额饰禾穗与小花。1919 年建，砖木结构二层楼房 20 幢，三间二厢式，弄堂长约 70 米。

永宁巷 威海路 590 弄 72 支弄 25 号

门饰禾穗纹、四字匾额、葡萄、山花及字框式壁柱。立面端庄华丽。1923 年建,清水砖外墙,砖木结构二层楼房 7 幢。

明德里 延安中路 545 弄

门饰花瓶、禾穗纹。1927 年建，新式里弄建筑 118 幢。

王医马弄 南王医马弄 14 号（已拆）

石库门装饰华丽，粗齿半圆檐与缠枝纹组合，墙柱装饰禾穗纹与菱形纹。老城厢砖木二层楼房旧里，位于上海城隍庙的西侧。

永昌里 东长治路385弄

永宁巷 威海路590弄

振华里 东台路109弄（已拆）

　　禾穗一直是民间热衷描绘的图纹。早自新石器时期大汶口、仰韶的彩陶纹，迟至明清时期的瓷器等装饰部位都可以寻觅到人们对禾穗的敬重及描绘。在广袤的农村可以看到挂着各种庄稼作物的门，在上海可以看到装饰着禾穗的家门，恰如一幅温馨的图景。

　　在中国，禾穗的种植可追溯到新石器时期，那时在马家浜、良渚就已耕作稻米了。华人对五谷丰登的祈福由来已久，人们之间亲切的问候常常是："饭吃了吗？"

和丰里 大沽路 411 弄 47 号（已拆）

为弄内支弄，门楣饰四瓣花纹，为青铜器纹饰之一。1921 年建，砖木结构二层楼房
8 幢 2 列，弄堂长约 20 米。

上海博物馆商周四瓣花纹实物与《简明美术辞典》中的图案

　　四瓣花纹为青铜器纹饰，中心方形，少数为"丁"字形，四角伸出花瓣，或在花瓣印上指纹的回旋图案。多见于商周至战国的青铜尊等器物上。

　　石库门的"四瓣花纹"源自青铜文化的启发，在设计方面选择中国元素，又跳出俗套。这与同时期石库门装饰的布币纹、波浪纹一样直接从民族文化的源头吸取了营养，尝试将中华古文明与一个大时代相结合。

　　四瓣图案的装饰表达虽然粗糙，但这种表达较早地从民俗内涵的束缚中，从古典的范例中超脱出来。由此，上海门饰艺术的创作空间被拓宽了。

三多里 周家嘴路 786 弄 43 号

门楣四字匾，左右饰盆景图案。1930 年建，多间联排式石库门，二层楼房 22 幢，主道长约 103 米。

乔家路 106 号

门头方额，饰三角檐盆景与缠枝花匾。106 号为老式石库门，砖木结构二层住宅，内巷长约 40 米。

德业里 光启南路 154 弄 21 号

门饰三角檐山花及盆景纹。砖木结构二层楼房，三间二厢式老式住宅，位于麦家弄狭窄小巷。

明德坊 陆家浜路 961 弄

浅弓形檐饰山花蔓草，柱上盆景纹。明德坊多间毗连的老式里弄，二层砖木结构楼房 11 幢。

愚园弄 愚园路 66 弄 31 号（已拆）

门饰盆景纹。1926 年建，砖木结构二层楼房 41 幢，弄内有合泰坊、荣源里，北通赵家桥路 57 弄、67 弄，弄堂长约 155 米。

嘉庐 北京西路 1592 弄

联成坊 东大名路 423 弄 26 号（已拆）

嘉安里 济南路 185 弄（已拆）

省庐 成都北路 246 号（已拆）

    盆景装饰纹样历史悠久，不同时代各持特点。如明代弘治时期盆景纹植物大，嘉靖时期盆景纹勾边填色，万历时期盆景附几何，崇祯时期盆景纹多网络。到清代康熙时期，盆景纹多花卉等。[①]

    古时盆景纹主要用以比喻"尚书红杏"，是对年轻学子的重要祈福，意在科举顺利和及第有望。这源自宋代工部尚书宋祁词中的一句："红杏枝头春意闹。"杏红二月是古时学子的"试考"时节，形同当今的高考场景。

    上海石库门的盆景纹取自传统寓意，提倡尚文风气，造型又包容古今中外。

① 熊寥、熊寰编著，《中国历代瓷器装饰大典》，上海文化出版社，2003 版，第 545 页。

庆福里 长乐路 236 弄

门头"凹"字形线框，装饰莲瓣纹。门楣由楞纹、甲片、卷草、方锥、回纹巧妙组合。

老式石库门里弄，砖木结构二层楼房 34 幢。

仁寿里孔家弄17弄（已拆）

庆福里长乐路236弄

　　莲瓣纹在上海门饰中属吉祥纹，它将莲花饰与蛋矛饰两种截然不同的纹饰结合在一起。上海近代建筑受西方文化影响较大，蛋矛饰逐渐传入上海，它形似古罗马矛与盾的列兵排列，是力量与勇气的象征。

　　莲瓣纹在东方则流传了上千年，随古丝路从中亚传入的花边纹样，曾用于寺院纹饰，宣扬普度众生，古丝路曾代表和平交往及东方智慧。

葡萄纹

071

如意里 威海路 590 弄 72 支弄 3 号

门饰典雅朴质,柱上葡萄装饰。砖木结构三间二厢式楼房,老式石库门,嵌灰缝清水砖外墙。
威海路修筑于清光绪二十七年(1901 年),初名"威海卫路",1980 年改为现名。

志文坊 新闸路 1854 弄 10 号（已拆）

盎形檐，门饰藤蔓、葡萄与山花。10 号位于新闸路的弄堂口，门朝西向。1931 年建，
弄内砖木结构二层楼房 11 幢，占地约 1.52 亩。新闸路因苏州河新闸得名，修筑
于清同治元年（1862 年），初称"新马路"。

养庐 永年路 226 号（已拆）

门额三角檐有山花与花篮，寓意满载硕果。砖木结构二层老式石库门住宅，曾有门额"养庐"，占地约 290 平方米。

西藏南路 276 号（已拆）

门额拜丹姆纹双卷（亦称：佩斯利纹、火腿纹），门中装饰多颗纹。这种颗粒装饰可见于建筑的各部。新式住宅，进门不设院子，砖混结构三层楼房，后为元声里、文元坊，底层楼面原为香山堂国药号，门匾为"长发其祥"。

薛家浜路 27 号（已拆）

门上浅拱檐，山花弓形草饰，两柱装饰葡萄纹。老式石库门，砖木结构三间二厢式沿街建筑，大门隅于西厢一侧。

余庆路 130 号

维厚里 复兴中路 263 弄 7 号（已拆）

如意里 威海路 590 弄

荞庐 永年路 226 号（已拆）

　　上海里弄的居家门饰常见葡萄图案，图案通常位于门楣或者壁柱的顶部，是一种浅浮雕装饰。葡萄寓意多子，也有连绵不断的含意。因此，葡萄、石榴、枇杷、蕃莲等植物常用于民间的各种装饰中，反映了当时大多数家庭对于家族壮大与人丁兴旺的祈福。这些图案的特点是枝叶繁盛、硕果累累，生机盎然并自由舒展。上海里弄建筑的此类装饰通常比实物更夸张一些。这些门饰受到传统民俗的影响，并体现出鲜明、独特的海派装饰风格。

蓬莱里 蓬莱路 402 弄

门楣对称喇叭花纹，门额浅弓檐卷草饰。1912 年建，老式石库门里弄，清水砖外墙，砖木结构二层楼房 17 幢。

中国古代的战斗场景通常是旗幡金鼓，锣鼓声震耳欲聋。西方古战场则有胜利的号角齐鸣，那些满载荣誉与战功的军号被盛满了鲜花，这样盛大的场面受到人们的推崇，花朵与喇叭的形象渐渐作为一种纹样形态成为建筑装饰。

上海弄堂建筑的喇叭花装饰是常见纹样，图案是盛满水果、麦子或鲜花的喇叭花纹。图案通常是对称的，有的是复杂变形的组合图案，如西藏南路如意里弄堂口的图案。

西藏南路276号（已拆）

龙门邨 尚文路133弄

余康里 寿宁路39弄

江西中路484号

几何纹饰的石库门

扇形纹

雀替饰

星形纹

阳光纹

卷涡纹

联珠纹

心形纹

方锥饰

菱形纹

棱纹

波浪纹

凸凹纹

回纹

球形饰

翅翼饰

079

188

尚德里 普安路 133 弄（已拆）

沿街石库门，门额扇形花瓣装饰。1930 年建，砖木结构三层石库门建筑 36 幢，以业主宋莲青的尚德堂而得名。普安路修筑于清光绪二十六年（1900 年），初名"孤山路"，1906 年改名"维尔蒙路"，1943 年定现名。维尔蒙原系法租界公董之一。

顾家弄 愚园路 88 弄 84 号（已拆）

门楣浅弓檐卷边扇贝花饰。旧式里弄，砖木结构二层楼房 12 幢，二间一厢的石库门住宅，弄堂主道长约 80 米。

三多里 周家嘴路 786 弄 63 号

立面庄重，装饰重细节。门楣四字额匾，左右扇形图案。弄内二层砖木结构石库门建筑 22 幢，主道长约 100 米。周家嘴路始筑于 1923 年。

崇庆里 大吉路 135 弄（已拆）

框架造型的石库门装饰扇形纹。旧式里弄，砖木结构二层老式石库门建筑 15 幢，多间为联排式东西走向，主道长约 45 米。大吉路修筑于清宣统年间。

中华路 55 号

华严里 威海路 590 弄

永宁坊 高家弄 45 弄

　　扇文化在中国影响深远，上海住宅的扇形图案也很普遍，一般呈扇贝形，配以折痕或散射线，有的加以垂穗装饰，更添东方情调。

　　最早的翟扇（羽扇）出现于殷周时期，汉代用纨扇（团扇），北宋有聚头扇（折扇），颇受文人的热爱，也作收藏之用，盛行不衰。扇面可以作画与书写，许多名家曾留下绘画和书法墨迹。国内扇子的制作以江苏苏州、四川为佳，有纸扇、绢扇、葵扇、竹扇和麦秆扇等。民间有些地区在女儿新婚后第一个端午节时，将扇子作为吉祥物赠予女儿，以祈求平安而百事顺当。[1]

　　反映民俗的扇子舞在乡间，广场舞在城市，创新的还有新编扇子芭蕾。

①李祖定主编，《中国传统吉祥图案》，上海科学普及出版社，1989 年版，第 65 页。

益庆坊 林荫路 85 弄 2 号（已拆）

门楣浅拱檐带角隅，饰弓形草与砖雕门匾，门框雀替浅刻吉祥纹。1916 年前建，砖木结构二层楼房 2 幢，嵌灰缝清水砖墙，主道长约 14 米。

洪德里 浙江中路 609 弄 13 号

建于清光绪三十三年（1907 年），二层砖木结构楼房 23 幢，老式石库门里弄。主道长约 42 米，雀替石刻已风化。

天潼路 615 弄 20 号（已拆）

砖木结构三间二厢式 6 幢楼房，是以二层石库门建筑为主的老式里弄，雀替石刻保存完整。弄内西通悦来坊，南连德安总里。天潼路修筑于 19 世纪 50 年代。

天潼路 615 弄 20 号（已拆）

唐家弄 天潼路 799 弄 20 号（已拆）

福寿里 海宁路 814 弄 29 号（已拆）

仁源里 临潼路 320 弄 3 号

　　"雀替"是传统建筑构造上的一种加强构件，是为门框加固的角形支撑物，它减小了梁额与柱相接处的剪力。[1]雀替可以是木质的或石质的，早期上海石库门就延续了这种建筑传统，通常表面有些石刻装饰。

　　那些精美的雀替散见于弄堂里不同住宅的门上，并不成规模。一些以人物为内容的石质雕刻雀替曾是旧里装饰的典范，其内容关乎宗教、家训以及乡俗文化的传统，如建于1909年的浙江路洪德里。石库门雀替的民俗内容最常见的有鸾鸟衔花、喜鹊衔枝、鸾鸟绶带、麟凤呈祥等，人物角色范围很广，姿态各异，但违避龙的装饰。

　　上海租界早期时，房产商开发的成片石库门弄堂里的雀替雕刻并不复杂，只是浅刻一些佛八宝等图案，如建于1852年的广东路公顺里[2]、建于1876年的南京东路青阳里等石库门。随着上海里弄住宅的发展，新式石库门雀替并未完全消失，一些住宅的门角还可以看到弯曲的小修饰，如凤阳路聚兴坊，武进路同乐里。

① 梁思成、刘致平著，《中国建筑艺术图集》，百花文艺出版社，2007年版，第321页。
② 崔广录主编，《上海住宅建设志》，上海社会科学出版社，1998年版，第73页。

089

仁华里 淡水路 82 弄 6 号（已拆）

门柱上装饰五角星，旧式里弄，砖木结构二层楼房 19 幢。前弄三间二厢，后弄多间二厢式，主道长约 50 米。

吉祥弄14号

老式住宅，门前原有一棵大树。窗间墙面装饰多刺星球。14号为三间一厢式石库门建筑，原门楣四字额匾，钱纹小饰。两柱上还留有几十年前的楹联痕迹，廉价石灰水的牢固度丝毫不输于现代涂料。

多稼路 223 号（已拆）

上下窗之间装饰六角星，星体内饰三菱。砖木结构假三层独幢楼房，三间二厢式石库门住宅。

基安坊 石门一路 315 弄 19 号

位于张家花园东侧，门拱齿形三角锥体，柱上多刺星。1931 年建，砖木结构三四层石库门建筑 16 幢。石门一路修筑于清同治八年（1869 年），初名"同孚路"，1917 年名"晏芝路"，1943 年名"正阳路"，1945 年名"中正一路"，1950 年改为现名。同孚即美南浸信传道会教士晏玛太，1847 年老北门外设教堂，传教 40 多年，曾任美副领事、会审公廨陪审官、法公董等职，同时也是精明的上海里弄房地产商人。

和合坊 淮海中路 526 弄

吉祥弄 14 号

祥康里 新昌路 87 弄

多稼路 223 号（已拆）

　　星形纹的历史久远，世界各古老民族都曾拥有自己的"星"形图腾。在中国古代新石器时期，仰韶黑陶已见六角星图形了，被视为天地与前后左右一统的吉星，《汉书》中有云："大一统者，六合同风。"苏州观前街曾有勒石诠释六角星，古代宫殿、庙宇的隔扇常装饰"高等级"的六角菱格。

　　中国是最早开始记载星象的国家之一，《汉书·赵充国传》中有："今五星出东方中国大利。"《晋书·天文志》中有："凡五星所聚宿其国旺天下。"[①]1995 年，中日考古队出土新疆尼雅汉代织物，上面织有"五星出东方利中国"的典句，距今已有 2000 多年。古人遇事善观星象，认为天人合一，所指五星即：金、木、水、土、火。中国最古老的星形纹是八角星，1987 年凌家滩出土 5500 年前的"井"字形太阳八角纹，专家视其为原始八卦，反映"八家为井"的方位文化。星形纹赋予中国民宅一种"静"的意象。

① 1949 年 8 月，曾联松设计的五星红旗图案稿从上海施高塔路（现山阴路）145 弄 6 号三层书阁寄往北京，获得采用。

祥麟里 虬江路 1111 弄

门头"凹"字形饰,柱上破云出阳图案,光线如蝙蝠翼,云层如鳞,山墙图案设计成折线条。祥麟里是建于1925年的旧式里弄,嵌灰缝清水砖墙。砖木结构二层石库门住宅13幢,是抗战中少数幸免于日军炮火的闸北里弄之一。[①]

① 《上海闸北区地名志》,百家出版社,1989年版,第289页。闸北区现已并入静安区。

仁德邨 襄阳北路 44 弄

44 弄 12 号为二间一厢式石库门建筑，门楣饰阳光纹。仁德邨建于 1933 年，新式里弄，砖木结构三层住宅 11 幢，曾名"劳尔东村"，由吴氏改为现名。

44

敦安里 桑园街 44 号

石库门两柱一横，门额饰阳光纹。砖混结构三层新式楼房，弄内 12 号为"渠庐"，南邻桑园村，与原清心男中（今市南中学）仅一墙之隔。"桑园"系明朝大学士徐光启故地之一。

28
尚文路一三三弄
双拥楼

龙门邨 尚文路 133 弄 28 号

建于 1934 年，新式石库门弄堂。门额饰扇形阳光纹，柱饰锥形纹。天井内裙墙装饰阳光纹，是当时较普遍的装饰手法。

在上海，人们十分重视住宅的光照和朝向，早在老沙逊洋行1872年（六月初七）申报的招租广告中就有朝南的说辞："吉祥南里内新造朝南石库门数幢。"可见光照和朝向一直是人们购置房产时首先考虑的因素。

辛亥革命使得阳光成为装饰的新时尚，如福兴坊门楣五色旗，配"旭日初升"门匾。旭日与光照渐渐成为上海住宅装饰的新风尚。阳光纹饰被用在建筑的不同部位，如阳台栅栏或外墙等，甚至影响到当时的家具装饰。阳光纹装饰的特点主要是多个不同的光点各自照射，光纹在不同的位置再现，类似舞台的灯光效果。此外，还有一类是将云层、光线、雷电、几何纹饰等汇集于同一画面，以大自然元素作为超自然艺术创作的素材。这类图案设计深受马蒂斯、蒙德里安等绘画大师的影响，而印象主义画派对阳光效果的狂热追求激发了人们对上海住宅中阳光纹饰的热情。许多建筑的光纹创作采用图案切割或打散构成的手法，很有时代感。

阳光纹涌现的高潮恰逢石库门建筑接近它的历史尾声，虽然时间短暂但其意义在于其设计思路一改以往对东西方古典题材的一再挖掘，大胆地采纳新的不同于旧趣的新图景。

高家弄55号

成都北路旧里（已拆）

祥顺里 顺昌路424弄

长庆里 大夫坊76号

鼎平里 桃源路 132 弄（已拆）

浅弓檐饰，图如孔雀开屏，有许多卷涡圆点。始建于 1910 年以前，后以同名翻建二层石库门建筑 29 幢，弄堂西通龙门路。与鼎平里装饰相同的有合肥路 44 弄协盛里的门饰。桃源路修筑于清光绪十五年（1889 年）。路的东端原系周泾北诸家桥至四明公所的一段土路(20 世纪 50 年代路被封堵)，现淮海公园经桃源路直至大境阁方向。

三新里 四川北路 1466 弄（已拆）

门饰平拱二方连续浪形卷涡纹，新式里弄，1934 年建，多间联排，砖木结构三层石库门建筑 27 幢。

森巽里 虬江路 958 弄（已拆）

门头与门柱为卷涡图案，1934 年建老式里弄，砖木结构二层楼房 29 幢。

卷涡纹是云雷纹、囧纹等青铜器纹饰中最常见的一种，形似水涡，出现于新石器时代，盛行于商周，中国是最早采用这一纹饰的国家之一。

卷涡纹在上海的门饰中很常见，更多是作辅助装饰的如衬角、点缀，或做成二方连续的水波图案等。因为较为常见，在石库门反而是不太引人注意的一种纹饰。石库门的卷涡图案十分抽象、简洁，装饰性强，如虹江路森巽里的门饰卷涡造型。嵩山路的安庐装饰有卷涡纹的团状线浮雕，就像挂在墙上的一面铜镜，富有民族意味。

新闸路 1516 号（已拆）

安庐 嵩山路 33 号（已拆）

四达里 山阴路 57 弄

新祥里 四川北路 1569 弄

定安坊 长乐路 152 弄（已拆）

门额小三角檐饰，横枋饰花环、联珠纹。建于 1922 年，弄内砖木结构二层石库门建筑 1 幢。

善钟里 常熟路 111 弄 1 号

1 号为六联珠纹，平拱檐浅支托饰。上海里弄多出文化人。12 号曾为高锟寓所，2009 年诺贝尔奖物理奖得主，被誉为光纤之父。1933 年他出生于善钟里，2018 年初曾专程返回故里怀旧。常熟路修筑于清光绪二十八年（1902 年），因原地曾有善钟马房而得名善钟路。

梅福里 黄河路 125 弄

横枋联珠纹饰，石库门的门框有精致的线槽凿刻。梅福里建于 1932 年，二层楼房 18 幢，主道长约 78 米。

兆益里 常德路 552 弄 7 号（已拆）

石库门饰四联珠。1926 年建，砖木结构老式二层建筑 28 幢，占地约 4.7 亩，
弄内石库门建筑，沿街为单门面店铺。

同福里 巨鹿路 211 弄 13 号

晋德里 梦花街 78 弄

虹江路 103 号（已拆）

岐山邨 愚园路 1032 弄

　　联珠纹是由圆点排列的联珠装饰，恰似线上连串的珍珠，它比喻美好的事物连连不断，有人财凑集的意思，是能组串成形的简洁纹饰。如成都出土的战国青铜罍、唐代敦煌藻井的边饰等就有十分优美的联珠纹。

　　上海石库门的联珠纹通常设置 3 至 10 个圆珠或小的团花构造。布局十分注重主轴及左右延展的关系，如同福里门饰的横枋 5 联珠，沿门廓又镶嵌成对的 10 珠，富民路 247 号、襄阳南路 355 号等门饰都是以中珠为主，左右延展对称。上海门饰以中珠为主轴两侧对称，总数凑成双数的设计就颇费思力，如定安坊，其背后都是传统观念使然。石库门壁柱通常设置 6 联珠，如善钟里，也是为了表达吉祥的寓意。

景云里 横浜路 35 弄

石库门装饰心形纹。1925 年建，砖木结构三层住宅 32 幢。位于虹口区、原闸北区（现静安区）交界的横浜路与当年宝山路的商务印书馆、东方图书馆旧址较近，这一带曾汇聚了许多文化人，早年在横浜路景云里老弄堂居住过的有：鲁迅、柔石、沈雁冰、冯雪峰、周建人、叶圣陶等著名知识分子。鲁迅寓所为景云里 23 号。

明德里 马当路 139 弄

弄堂入口为扁圆水泥门拱,石库门柱上饰心形纹。1916 年前建,1923 年翻建,砖木结构二层楼房 34 幢。

联成坊 东大名路 423 弄（已拆）

石库门饰心形纹。图为 26 号原复兴商号，1932 年建，90 幢二层石库门建筑的弄堂，旧时弄内商家众多。

恒兴里 万豫码头街 233 号（已拆）

门楣装饰蒲草、心形纹（似寿桃），柱上菱形纹。老式里弄，233 号为沿街住房，恒兴里砖木结构二层楼房 16 幢，多间一厢联排式石库门住宅。

联成坊 东大名路 423 弄（已拆）

三益里 巨鹿路 225 弄

景云里 横浜路 35 弄

恒兴里 万豫码头街 233 号（已拆）

  心形纹包含十分正面的寓意，一般指信任、智慧与爱情，最高境界是博爱、仁爱。

  中华民族是有博爱传统的伟大民族，篆字的"爱"就与"心"结合在一起了。先秦墨子的"兼爱"、韩愈谓之仁的"博爱"，主张不分人我，不辨亲疏、贵贱、强弱、智愚，曾被孙中山视为政治理想。

  孔子的"仁者爱人"影响深远，自古人们能路见困急鼎力相助，所表达的都是对素不相识的求救者的仁爱之心，别无所求。如唐朝医生孙思邈所言："凡大医必当无欲无求，先发大慈恻隐之心，不得问其贵贱贫富，长幼妍蚩，怨亲善友，华夷愚智，普同一等，皆如至亲之想。"这样的兼爱、博爱之教育，长久根植于民族精神中。

  博爱之心是人类共有的，在近代东西方文化交融中，"心"作为超脱文字的视觉形象也反映到里弄的门饰上，例如景云里、恒兴里、明德里的门饰就有心形纹的图案。

永安里 黄陂南路 464 弄

门额半圆檐饰山花与方锥，老式石库门大宅，清水砖外墙二层楼房，门前曾设消防栓，这在当时已是高等级了。弄堂长约 37 米，曾与原汇丰别墅一墙之隔。

大德里 四川北路 1545 弄 10 号

门额浅弓檐，柱上方锥装饰。1927 年建，新式石库门里弄，清水砖外墙，砖木结构三层住宅 35 幢。

三益邨 舟山路 254 弄 5 号

门头装饰为方锥与块面的构建。旧式里弄，清水砖墙面，弄内是较少
的门对门的布局，沿街店铺临近原印度教堂。

道生里 南昌路 551 弄（已拆）

老式石库门里弄，门头装饰锥体，架构厚实。1930 年由董氏建砖木结构
三层楼房 27 幢，平房 6 幢。

12

永业里 威海路 335 弄（已拆）

门柱饰方锥体，整体较典雅简洁的多间联排式石库门。1932 年建，砖木结构二层楼房 25 幢，主道长约 52 米。

德兴里 新疆路 129 弄 54 号（已拆）

缺底三角檐饰山花、匾额等，门中方锥饰，整体感觉规正、庄重。1920 年建，
砖木结构二层石库门楼房 50 幢，主道长约 104 米。

树祥里 顺昌路 279 弄（已拆）

蕃祉里 茂名北路 277 弄（已拆）

福德坊 建国西路 336 弄

中国民俗中重视驱凶避邪，民宅装饰中藏风得水，气运图谶是其考虑的部分。汉代的米字格是一种吉祥的造型，"斗米"就是呈锥形。端午粽子加雄黄做的香袋垂线，意在驱避邪气，吃粽子挂香袋的传统可追溯至春秋时期。

福德坊山墙的悬鱼方锥图，反映了旧时沪上对锥体造型的偏好，方锥造型也是上海弄堂中最常见的一种几何体。东方与西方可能对锥体的诠释不一样，海派造型兼顾了二者的不同。

在古希腊的建筑装饰中，门框、壁炉等细节部位常常用方锥作角隅的修饰。

尚文路 16 号（已拆）

原为上海纱带厂。北向五间二厢式石库门，砖木结构二层，门饰以菱形装饰为主。
清光绪三十二年（1906 年），填守署浜修筑尚文路。

种德里 青莲街 172 弄 4 号（已拆）

门头浅三角细齿檐，饰缠枝纹，柱饰菱形纹。砖木结构二层石库门建筑 5 幢，1 幢四披顶券廊式三层老洋房，主道长约 52 米。

庆安坊 济南路 64 弄（已拆）

门额三菱形纹，柱上蒲草饰。1924 年建，旧式里弄，砖木结构二层楼房 33 幢，多间联列式石库门。庆安坊西顺昌路 77 弄，南与永安里一墙之隔（后被打通）。

仰圣里 庄家街 92 号

门面端庄,门额无字匾,柱上饰菱形纹。二间一厢式为主,联排式石库门,主道长约 50 米。仰圣里因尊孔获名,庄家街由原中心河庄家桥得名。

124

吉昌里 中山南路 593 弄 8 号（已拆）

额坊浅三角檐饰山花，门框饰窄长菱形。旧式里弄，砖木结构二层楼房 8 幢，主道长约 40 米，8 号门朝北为三间二厢式石库门。

慎馀里 孙家弄 13 号（已拆）

威凤里 威海路 502 弄 37 号（已拆）

福庆坊 浙江北路 132 弄 19 号（已拆）

成德里 安庆路 395 弄

　　菱形纹是十分古老的装饰纹样，可见于彩陶、青铜器等，丝绸之路的汉菱已达到很高的织造工艺。菱形纹在清代建筑中亦称"菱花"，如规则的 60° 夹角的直棂条菱形窗格是等级较高的，是常常出现在宫殿、庙宇等格扇部位的花纹。菱形纹简单易表，上海里弄住宅的菱形纹可以看到简单的双菱、三菱、五菱等组合。菱形纹是一种常见的吉祥的中国纹饰，如怀余里、吉昌里、仁和里、九福里等都有丰富多彩的菱形图案装饰。瑞华坊、敦和里弄堂口山墙，墙面菱形纹是以菱锦作底的装饰艺术派风格。

协和里 黄河路 132 弄 4 号

双柱棱纹饰，门上三角叠纹。1932 年建，弄内砖木结构三层石库门楼房 23 幢，主通道长约 75 米。

大丰里 巨鹿路 291 弄 10 号

石库门饰肋形棱纹。20 世纪 30 年代建，新式里弄，砖木结构三层楼房 15 幢，占地约 2.65 亩，主道长约 41 米。

景昌里 张家宅路 49 弄 43 号（已拆）

二柱一横门饰，柱头及横枋装饰棱纹。1930 年建，砖木结构二层楼房 5 幢。张家宅路为老巷道，集聚许多错综复杂的里弄，张家宅是当地俗名，原为张氏族地，张家宅路始建于清光绪年间。

同德里 金陵西路 136 弄 21 号（已拆）

横枋棱纹饰，条幅式壁柱。多间毗连的老式石库门里弄，嵌灰缝清水砖外墙，砖木结构二层楼房 22 幢，主道长约 112 米。

早在新石器后期马家窑的彩陶上已出现了棱状纹。[1]棱纹形似加固物体的条块，或如瓦楞、搓板形状。在希腊的门饰中，棱纹又称"肋形纹"，饰于门框条或炉边框。

里弄装饰的那些短直线条表面上看是装饰美学的需要，其实与旧时的迷信和风水有很大的关联。联想铠甲，意在避邪驱凶，似乎有超自然的力量存在。

凸状棱因它的潜意从而有了"内容"，故而人们选择了它。也许晦涩的纹饰能帮助人们在夜间安然入睡。宅气往来，昼夜替宅主效力。纵使并未见过神鬼大战，但习俗却述说了祖先如何应对人类本能的恐惧。

龙门邨 尚文路133弄

龙门邨 尚文路133弄

道达里 北京西路318弄

全益里 昌平路216弄（已拆）

130

① 施宣圆、王有为、丁凤麟、吴根梁主编，《中国文化辞典》，上海社会科学院出版社，1987年版，第267页。

吉祥坊 望亭路 32 弄 1 号（已拆）

建于清末，初名"新生里"，1932 年续建。1 号为四层钢混结构石库门住宅，
原为王冀恢医师寓所。门饰立面为二柱一间型，中间有古老的竖牌装饰。波浪纹
作额匾，门楣有海藻、蝉、菱、回纹等传统装饰。

四明邨 延安中路 913 弄 102 号

支托平拱，横枋波浪纹。1928 年至 1933 年建，砖木结构三层楼房共 118 幢，嵌灰缝清水砖墙。当年徐志摩与陆小曼曾寓居弄内 923 号。

宗德坊 长寿路 91 弄（已拆）

石库门横枋波浪纹，多间联排式旧里，砖木结构二层楼房，嵌灰缝清水砖墙，主道长约 87 米。长寿路修筑于清光绪二十六年（1900 年），初名「劳勃生路」，1943 年改为现名，劳勃生系外侨娱乐中心「上海总会」创始人。

余庆里 广西南路44弄

吉祥坊望亭路32弄1号（已拆）

波浪纹是商、周时期青铜器的主要纹饰，它的特点是波浪纹的波幅较大，形状规正，凹处常填眉形纹与口形纹，有很强的节奏感。有的波浪纹环绕青铜器布置，对接十分缜密而自然，作环带状，如1966年河北京山出土的曾仲游父壶[①]，其波浪纹饰具有典型的商周特点。

波浪纹也是上海里弄装饰的主要纹饰之一，是易于表达的艺术形态，很容易装饰在石库门的门楣上，如怡安坊、长乐里的墙头边檐波纹装饰，大兴坊门楣的波浪纹等。正如装饰本身表明的那样，上海门饰的波浪纹、四瓣花纹等青铜纹饰并不在意诠释什么，更多是在感受古老中华文明所带来的那份文化滋养与自豪感、一份典雅与高尚情操。因而，有别于一般民俗纹样，这些纹饰包含着许多神秘故事及其精神细节，如吉祥坊门饰虽然采用了传统纹饰，但表达的依然是当代的精神气质。

① 中国历史博物馆编，《简明中国历史图册》，天津人民美术出版社，1979年版，第158页。

135

桂馥坊 淡水路 21 弄 3 号（已拆）

门饰断檐与楔形构造组合，门中"凸"字形纹。1920年建，清水砖墙，
砖木结构二层石库门建筑12幢，主道长约40米。

怡如里 天潼路 646 弄 49 号（已拆）

柱饰凸凹纹与菱形纹。为古代中国农具的造型。图为装有木柄的铁锸，上有柄，
下有横木踏脚。菱形象征收获与财富。1932 年建，二三层砖木结构楼房 59 幢。

华严里 威海路 590 弄 56 支弄

门饰原有四字铭匾，门中饰菱形纹，两肩棱纹，壁柱楹联式，上下端凸凹组合，
这种凸凹装饰并不注目，但在上海弄堂出现很多。弄堂位于张家花园，1925 年建，
二层砖木结构楼房 17 幢。

文裕坊 大沽路 519 弄 4 号（已拆）

端庄的浅弓檐门额，饰"凹"字形纹。1924 年建，砖木结构二层石库门楼房 6 幢，
清水砖墙，里弄主道长约 45 米。

三多里 周家嘴路786弄61号

合群坊 建国西路316弄

银欣路28号大型石库门住宅

荣庆坊 大境路51弄（已拆）

　　凸凹纹是上海门饰中使用较多的一种图纹。凸凹形状的纹饰单个或组合，或作打散构成的设计。"凹"字形的小饰尤其多，是对古代农具铁锸的联想。凸凹纹是取自刀币形状的再创作。

　　"布"源自生产工具，古人使用的流通货币布币上的文字通常为产出地的名称，凸凹是布币的形态。古代农具"铲"演变成金属的"布"币，"铲"与"布"谐音。春秋初期的布币为空首可以纳柄，形同当时的农具称空首布。到了战国，布首才逐渐薄平成为凸凹图形的平首布。战国兴盛的布币，其凸与凹显示了自然界阴阳现象所具备的相对性及互移性，也体现了当时朴素的哲学意境。

保安里 海宁路 510 号（已拆）

石库门立面饰回纹框边，曾有门额匾铭文。保安里建于 1931 年，510 号为三间二厢式沿街建筑，弄内砖木结构多间联排式二层楼房 30 幢。后弄通安庆路，曾与景星里一墙之隔。

希德里 南昌路 43 弄 4 号（已拆）

建于 1932 年，有多个支弄。外希德里砖木结构二层建筑 12 幢，
里希德里三层建筑 14 幢。

福明邨 延安中路 424 弄 38 号（已拆）

石库门立面为回纹构筑设计。建于 1933 年，以四间二厢为主，联排式新式石库门，砖木结构二层楼房 50 幢，左右与民安坊、念吾新邨相邻，福明邨的地基明显较高，原系四明银行所筑。

如意里 吉祥弄 55 号

二柱一横门饰，柱上回纹卷耳，布局端庄。旧式里弄，砖木结构二层楼房 41 幢，以老式石库门为主，主道长约 104 米。

如升里 康定路 659 弄 8 号 (已拆)

门额有字匾，二侧卷耳回纹与蝙蝠装饰，壁柱楹框式。1936 年建石库门弄堂，弄内二层楼房 22 幢，清水红砖墙，二间一厢与四间二厢为主。康定路修筑于清光绪三十二年（1906 年），曾名"康脑脱路"，1943 年改为现名。

古希腊的回纹称"钥匙纹"，在拉斐尔《雅典学院》的画中、古罗马《和平祭坛》的框边都可寻觅到大量的回纹。在维多利亚的装饰年代里，回纹似乎受到贬斥，建筑评论家罗斯金认为，"回纹"的线条组合只是些无法理解的铋和盐的结晶形态而已。

回纹在中国可是吉祥纹，可追溯至新石器时期古陶至青铜器回纹。回纹也是中国对指纹的一种独特认识。中国人对指纹的研究，被西方人称为"比四大发明更早的伟大发现"。早在2500年前的战国已有指纹断案的实例，直到1858年中国商人在印度经商时"按指为契"被英国人赫谢尔偶然发现，1877年赫谢尔写了《手指纹线》一书，从此，中国对指纹的发现启发了整个世界。1975年湖北梦云出土的秦简，其中有一段记录了官府根据指纹、掌纹找到犯罪嫌疑人的过程，再次证实了中国自古对指纹的卓越研究。

曲园 建国西路56弄

张家宅路61弄4号（已拆）

南阳路209弄

江西中路138号

康乐里 山西路 551 弄 4 号

叠柱上球形饰，枋额宝珠璎珞纹，满底缠纹，过梁砖拱，门头锁石。
1914 年建，二柱一间式门饰，弄内砖木结构二层楼房 8 幢。

康乐里 康定路 179 弄 10 号 （已拆）

门饰意象图案，意为戏球。1936 年建，弄内砖木结构三层楼房 34 幢，多间二厢式为主，主弄长约 54 米。

永兴里 云居街 9 号（已拆）

门额缠枝纹，双肩球形饰，为砖砌的支托。砖木结构二间一厢石库门，
进深较大，后门从永兴里进出，毗连云居禅院。

永乐坊 凤阳路 724 弄 10 号

1930 年建，粗齿半圆檐饰缠枝，回纹镶边的带角隅的弓形牌匾，柱上扁球饰，
砖木结构二层老式石库门，因辟路现为沿街建筑。

景星里 北京西路 424 弄 16 号（已拆）

整体端庄的砖饰构造，人字檐压球，悬柱与拱顶石的构筑，门框有雀替。1914 年建，弄内砖木结构二层楼房 68 幢，主道长约 58 米，以二厢石库门建筑为主。

松雪街66弄

崇一里 马当路291弄（已拆）

德本坊 巡道街50弄

球形饰物是人类最早使用的饰物之一，中国古建筑装饰较注重自然体，在西方往往推崇机械的正球体。珠宝、绣球、果球等是自然的球形，中国古建筑亭阁宝顶、悬柱顶端皆可见略加雕刻的自然球形饰，寻觅稍圆的球形饰如正定府关帝庙的望柱顶球，也只是稍规整的球体。[①]

球形饰在巴洛克时期是一种传统装饰，如建于巴洛克时期瑞典埃斯塔特教堂的门楣额头就装饰了正圆球体。[②]维多利亚后期，车木技术的应用使得球形饰被大量用于装饰住宅楼梯的柱端及部分栏杆，推动了其成为普遍装饰的趋势，后来也影响到东方。西方推崇正球体的另一个因素，可能与中世纪欧洲人笃信水晶球的暗示有一定关系。

①梁思成、刘致平著，《中国建筑艺术图集》，百花文艺出版社，2007年版，第51、113、215页。
②[美]斯特吉斯著，《国外古典建筑图谱》，世界图书出版公司，1995年版，第39页。

翅翼饰

152

大中里 石门一路 214 弄 5 号（已拆）

门额细齿浅弓檐，扁镜山花、两侧翅翼与枝束饰等，柱头卷耳支托。1925 年建，
大中里有大中华之意，由颜料商奚鹤年以其妻的陪嫁地产在此兴建，砖木结构二
层石库门建筑 111 幢。

张园弄 28 号（已拆）

大中里 石门一路 214 弄 5 号（已拆）

东庙弄 愚园路 67 弄 18 号（已拆）

姚家庵弄 23 号（已拆）

　　翅翼纹饰有着久远的历史，早在公元前 17 世纪时，中国商代青铜器上的夔凤纹就已展示了东方的翅翼装饰。汉代瓦当等古建筑中也有朱雀和蝙蝠纹饰的翅翼。在西夏王陵中还有大量的琉璃制成的类人形的妙音鸟，可以让世人看到中国的展翅女神。

　　古埃及装饰性的翅翼可见于公元前 6 世纪埃及蜣螂纹的翅翼。公元前 4 世纪古希腊萨莫德拉克的胜利女神尼开伸展了她美丽的翅翼。我国新疆阿斯塔纳的丝绸古道出土了东罗马金币，其背面就有胜利女神美丽的翅翼。文化交流史向人们演绎了当年尼开的东方寻梦之旅，也预示了新丝路各民族共同致富、繁荣兴旺的历史延伸。

　　上海家门装饰的翅翼，可以让人看到文化并存的海派特点。

动物纹饰的石库门

祥兽纹
鳞甲纹
兽面纹
禽鸟纹
夔凤纹
蝙蝠纹
蝴蝶纹
贝形纹
蚌饰

154

99 弄
成都南路

101 弄
成都南路

霞飞巷 成都南路 99 弄、101 弄

门坊装饰传统双狮绣球、绸带等。弄内三层砖木结构楼房 8 幢,
四间二厢式为主的石库门里弄。

文凤里 高家弄 27 弄 3 号 （已拆）

石库门饰山花垂草，肩饰祥狮一对，门匾"诒厥孙谋"，立面庄重。旧式里弄，三间二厢式石库门，砖木结构二层楼房 3 幢。3 号门隅于西厢楼下，正对主道。

龙门邨 尚文路 133 弄

1865 年，清代江苏巡道丁日昌在此创办龙门书院。1905 年始建住宅，1934 年翻建新式石库门里弄，共 5 条支弄。30 号，天井围墙已降低，墙缘水纹饰。半圆檐门罩，双狮滚绣球浮雕，底纹为绸带。匾额为"厚德载福"；89 号，门罩相对较小，狮子与匾额已损坏，有槽壁柱饰菱形纹；60 号，门饰双狮滚绣球，雕刻神采奕奕。墙檐较高，绿釉镂空陶瓷砖改善了通风。

承德里 孔家弄 31 弄 35 号

支托雨罩，檐下雕刻民风民俗图案，吉象、卷云、万年青等。弄内砖木结构三间二厢式石库门建筑 2 幢，弄堂长约 24 米，建于 1935 年。

海防路 60 号 (已拆)

久安里 侯家路 121 弄

龙门邨 尚文路 133 弄 30 号

承德里 孔家弄 31 弄 35 号

　　上海里弄装饰的祥兽最常见的是双狮戏球,另外"象"与"祥"谐音,也是民宅吉祥装饰的重点。上海门饰中"狮"的造型各异,大多是民国初年作品,呈现出既凶猛又可爱的形象,雕塑造型生动,体形不大,模样惹人喜爱。另外,有的门楣狮首造型还是西方雄狮的风格。

　　中国古代祥兽的造型和种类十分丰富。麒麟、天禄、辟邪等是人们想象中的"兽群"。如"天禄"的文字记载始于东汉,想象中的天禄会飞翔、昂首、挺胸、曲腰、双目圆睁,额头有一束毛披散脑后,神态凶猛等。"麒麟"也许更古老些,姿态雄伟阳壮,被认为行走不踩虫蚁草木,故有"仁兽"之尊称。明清时期的石狮不是写实的,还被赐以"太师少保"的美名。府邸门前的石狮,左边的代表太师,右边的狮子代表少保,是镇宅守门的吉祥兽,也是朝廷一个荣誉官衔的名称。

　　在祥兽雕刻的风格方面,商周时期的青铜器祥兽纹充满神秘感并赋予人想象力,这对以后祥兽的描绘影响深远。秦代兵马俑中战马强悍,是少有的逼真写实。汉代的石雕祥兽纹大多雄浑、博大、天趣盎然。无论秦俑汉砖,还是巨型石马、石虎都有秦汉那种大气非凡的精神。

　　明清两代就石雕或家饰雕凿比较,格调分明。明代的洗练传神,清代的精湛而奢华,但清代雕刻的精细中更显程式化。尤其晚清,好闲皇族的俗趣与纨绔气对民间文化的影响至深,盛行传抄而创新式微,求安逸而醉心微雕,精至豆米,刻至发丝。石狮大多雷同,表情凝重。

160

久安坊 金陵中路 252 弄 14 号（已拆）

门额横枋叠鳞片装饰。旧式里弄，1932 年建，三层石库门楼房 20 幢，原由罗氏所建，主道长约 36 米。

聿德里 黄陂南路 344 弄 13 号

门额装饰盾形龟甲造型。1933 年建旧式里弄，砖木结构二层石库门建筑 28 幢，占地约 1.38 亩。13 号后门为昌星里，向南可通树德北里。

懋益里 新昌路 389 弄

门柱上端鱼鳞纹，横拱楞波。砖木结构二层建筑43幢，四间二厢联排式
老式石库门，主道长约86米，南邻厚德里。新昌路修筑于清光绪二十五
年（1899年），曾名"梅白克路"，1943年改为现名。

聚源坊 福建中路 140 弄

建于 1939 年，石库门柱头瓦鳞饰。横枋、柱脚榫卯装饰。
砖木结构三间二厢式，二层楼房 14 幢，主道长约 122 米。

怡安坊 长乐路 169 弄内平安里

兴益里 阜春街 92 弄（已拆）

志成坊 肇周路 126 弄

槐荫里 浙江中路 109 弄

鳞甲纹是古老的纹饰之一。新石器时期的陶器已见陶坯上雕刻的鳞状花纹。商周青铜器的鳞纹甚为细致，常作为重叠的底纹。龟甲一类也是盛行不衰的传统纹饰，是尊贵、长寿、平安的象征，有些巨大的碑文立于石龟之上。鳞、甲、龟等纹饰布置较低调和巧妙，如襄阳南路 404 号的外墙、旭东里的山墙、懋益里的门饰等。聚源坊的瓦状鳞纹有着深厚的传统文化底蕴。代表长寿的"龟"造型在民宅装饰中是受欢迎的，也许更雅化，如聿德里的门饰、平安里的山墙、松雪坊的阳台栅栏等。

兽面纹

龙门邨 尚文路 133 弄 97 号

二柱一横衡门饰，居中竖牌，两侧配凶煞脸谱。矮墙庭院的新式住宅，
位于主道西侧第五弄，弄内以石库门住宅为主。

166

大中里 石门一路 214 弄 48 号 (已拆)

1925 年建，石库门建筑 111 幢，大中里含大中华之意，由颜料商昊鹤年夫妇建造。

静远里 西马街 40 号

西马街的一条僻静小弄，沿街建筑 3 幢，弄西首二层砖木结构联排建筑 5 幢。
隔壁为明洁里，北邻西马里。40 号为三间一厢式新式石库门建筑。西马街
修筑于民国二年（1913 年），以方浜西与桥得名，曾名"西马弄"。

志文坊 新闸路 1854 弄 12 号（已拆）

门饰狰狞兽面纹，平拱饰棱纹。1931 年建旧式里弄，12 号为二间一厢式石库门，砖木结构二层楼房 11 幢，占地约 1.52 亩，与武陵村相邻。

兽面纹早见于商代前期，是商周青铜器的主要纹饰。据《吕氏春秋先识览》记载："周鼎著饕餮，有首无身，食人未咽，害及其身。"传说饕餮是一种贪食而吝啬的凶兽，是留存青铜器中较多见的一种兽面纹。

汉代兽面纹广泛现于漆器、铜器和石雕。流传最久远的为"铺首"，铺首即现今的门环，怪兽嘴下衔圆环，汉代的寺庙都装饰这样的铺首，延续至民间的门扉，意为驱妖辟邪。汉代出土的兽面纹砖雕，现见于河南省密县、唐河、南阳一带，兽面大眼睛额头尖角，嘴下衔圆环。①宋、辽、元时期兽面纹流行于瓦当，渐渐取代了唐朝莲花纹饰的瓦当，并传播到北方的契丹、女真和西夏等地，其特点是兽面的鬃毛甚多，纹理也非常繁复。②

中国历代瓷器上的兽面纹神态各异，如：汉、晋的兽面纹威而不猛，宋代兽面纹为人面兽角，元代兽面纹类虎似猫，明代的兽面纹冷峻可畏，清代的兽面纹温驯可亲，③是不同历史时期人们心理状况的反映。

民国初年，上海建筑风格受西方影响较大。1935年吴铁成市长提倡移风易俗，批评求神问卜、迎神赛会等④受到市民的响应，一些民宅屋脊的神仙、螭吻、走兽等渐渐消失，一部分民俗内容在里弄转而以弘扬民族文化的视角展现出来。如和丰里的青铜器四瓣花纹、吉祥坊的波浪纹、惟庆里的夔凤纹等，都是民居纹饰史上未曾有过的一股新风。

大中里 石门一路214弄54号（已拆）

正名里 慈溪路180弄（已拆）

静远里 西马街40号

同寿里 大田路160弄（已拆）

169

① 顾森编著，《中国汉画图典》，浙江摄影出版社，1997年版，第573页。
② 尚洁编著，《中国砖雕》，百花文艺出版社，2008年版，第12页。
③ 熊寥、熊寰编著，《中国历代瓷器装饰大典》，上海文化出版社，2003年版，第542页。
④ 郑祖安著，《海上剪影》，上海辞书出版社，2001年版，第137页。

麦琪里 乌鲁木齐中路 179 弄（已拆）

建于 1937 年，多间联排式石库门弄堂，砖木结构二层楼房 178 幢，
为大型石库门里弄。门楣装饰菱形图框，刻阳光纹与仙鹤浮雕。

赛华公寓 常熟路 209 号

颖邨 复兴中路 1232 弄

颖邨 复兴中路 1232 弄

　　上海家门的禽鸟图传统是十分久远的。丹凤朝阳、鸳鸯贵子、白头富贵等禽鸟纹在民间流传很广。

　　鸳鸯被人们用于比喻夫妻百年恩爱与真纯爱情，也用于表达好事成真的美好祝愿，如公安里每个家门的门楣都配有鸳鸯贵子图，有贺喜之意。麦琪里装饰松鹤图的石库门有178幢。松鹤象征着吉祥与健康长寿，符合中国人尊老贺寿的传统。一些四世同堂的和谐家庭，其独幢石库门的住所装饰了松鹤图，如白漾一弄137号山墙的松鹤图。

　　上海住宅的禽鸟图案还有装饰艺术派风格的鸽子、天鹅、海鸥等。如赛华公寓檐部墙饰，颖邨墙面的禽纹图案等，形式感很强。

惟庆里 天津路 247 弄 5 号（已拆）

门柱上饰夔凤纹图案。1916 年前建，石库门二层楼房 5 幢，弄堂长约 50 米。
5 号原系鼎康庄，其余为瑞丰泰、洪康、瑞蚨祥等钱庄。

多伦路 153 弄 四连夔凤纹

延安中路 830 弄 双尾连体夔凤纹

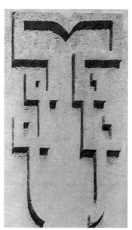

惟庆里天津路 247 弄 单尾连体夔凤纹
（已拆）

夔凤纹为青铜器纹饰之一，是西周前期的一种兽凤结合纹。传说商族始祖玄鸟"天命玄鸟，降而生商"， 所以"凤"是象征商的图腾。"鸾凤和鸣"则为对婚姻的赞美，所以凤纹是成双成对的较多。

再说夔凤纹造型，一般都画有爪，嘴弯曲，形似长尾禽的侧面勾线形态。尾翎分上翘的或下垂的，通常呈钩状，有单尾、双尾。夔凤头上均带冠羽，青铜夔凤纹则是形体细长的浮雕。

龙的形象取自动物的一些特征，夔凤纹则融合了独脚龙、凤、螭的形象，展现出丰富的东方意象。基于此，上海近代建筑又出现了一种优美的拐子龙图案，迎合了民族装饰的时代需求。

维厚里 复兴中路 263 弄 7 号（已拆）

石库门门额饰蝙蝠、花篮、蔓草、如意、钱纹、石磬等中国传统吉祥物。
1919 年建，二层砖木结构楼房 26 幢，7 号为三间二厢式石库门。

振平里 金陵中路 241 弄 8 号（已拆）

门饰无字匾，回纹与蝙蝠纹构成耳状饰，柱上双菱形纹饰。1927 年建，以老式石库门为主，二三层砖木结构楼房 44 幢。

大成里 金陵中路 174 弄（已拆）

乌鲁木齐南路 1-61 号（已拆）　　　　又一新邨 大吉路 198 弄 31 号（已拆）

　　因为"蝠"与"福"同音，所以人们很早就用蝙蝠比喻有福，如福寿双全、福海寿山、福份无疆、五福捧寿等。"五福"源自《书经·洪范》，即"寿、福、康宁、好德、终命"。

　　里弄住宅的蝙蝠装饰，主要在山墙、门饰和铭匾的边饰中。如大成里山墙的蝙蝠纹在典雅巴洛克曲檐构造中由菊形团花、弓形垂草、盘长等组合成中西风格融合的画面。在 20 世纪 60 年代沪上的夏日黄昏，街道上还可看到蝙蝠飞舞的场景。随着"纳凉大军"的消散，蝙蝠也一同消散了。

94
肇方弄

肇方弄 94 号（已拆）

混合结构三层楼房。汰石子墙面划石缝，贴墙烟囱的凸体部位饰山花、蝴蝶纹饰，烟囱檐口"凹"字形纹及菱形纹，原系《大公报》用房。

尊德里 厦门路 136 弄

初名"贻德里"，由晚清南浔刘氏始建，1930 年重建时名为"尊德里"。弄内以砖木结构二层石库门楼房为主，主道东为三间二厢式，宅间距大于西侧，沿街三层钢混结构，共 138 幢。弄堂三面出入，东为浙江中路 667 弄，北为南苏州路 859 弄，旧时沿街铁号、型材店铺居多。

文兰坊 巨鹿路 19 弄永吉里（已拆）

肇方弄 94 号（已拆）

尊德里 厦门路 136 弄

肇方弄 94 号（已拆）

　　蝴蝶纹是民间喜见的纹饰，常用于明清时期民间的瓷器与刺绣等。在石库门里弄的里匾上，蝴蝶纹是常见的陪衬，通常四个角饰以蝴蝶纹。有的石库门住宅有装饰性的或是图案化的蝴蝶纹，如文兰坊的山墙，显现出十足的装饰美术效果。

升吉里 毛家路 300 号（已拆）

门额装饰贝形纹、喇叭花、绸带、菱形纹等。300 号为毛家路联排式石库门之一，门均向北，规整的石库门景观。升吉里为旧式里弄，弄南有四间二厢式石库门 2 幢，后弄以多间为主，弄堂总长约 102 米。

永吉里 长乐路 122 弄 1 号 (已拆)

门上贝形叶饰。永吉里亦称「杨家弄」，北为巨鹿路 19 弄，弄内以旧式里弄为主，主要有福润里、文兰坊、昌余里、德康里、德铭里、景锡坊等。

长源里 福佑路 383 弄 2 号（已拆）

三角檐门饰，贝壳饰与蔓草缠枝。二间一厢式石库门 2 幢，三间二厢式 1 幢，弄堂长约 27 米。

正修里 乔家路 261 弄

紫霞路 74 号（已拆）

升吉里 毛家路 300 号（已拆）

长源里 福佑路 383 弄 2 号（已拆）

　　贝形纹是一种综合了多种文化的寓意祥和的纹饰，在上海家门装饰中较常见。
　　古人曾视"贝"为宝贝，它是富裕吉祥的象征。贝饰及以贝壳为材料的装饰在民间有着悠久的传统。作为石库门住宅装饰图案的贝形纹受到传统扇形、贝饰的影响，也与西方装饰风格有着潜在的联系。贝形纹图案适合上海住宅的特点，略带小卷涡的贝形叶纹是门饰中十分优美的纹饰之一。

会元里 乍浦路 313 弄

门饰浅弓檐,蚌饰山花。砖木结构二层老式石库门建筑16幢,多间二厢式联排住宅2列,主道长约34米。

三多里 周家嘴路 786 弄 61 号

淮海中路 1562 弄

鼎平里 桃源路 132 弄（已拆）

会元里 乍浦路 313 弄

成语"鹬蚌相争"出自《战国策·燕策二》，鹬食似飞剑，但弱势木讷的蚌却力量惊人，竟可牢牢"衔剑"。"蚌钳"在沪语中比喻握力巨大。

民间曾有衔剑一类的图符，用以消灾祈福。在上海弄堂也有"衔剑"与"蚌壳"等许多装饰图案，它们形状就像其意，蛰伏其中而不引人注意。

物件纹饰 的 石库门

八卦纹
如意纹
古钱纹
镜面纹
瓴饰
瓷饰
八宝纹
盘饰
箭束饰

186

莲庆坊 方浜中路 669 弄 22 号（已拆）

旧式里弄，砖木结构二层石库门住宅，清水砖墙，门楣装饰八卦图、祥虎、灵芝、水草及菱形纹等。原为"国华针织号"。方浜中路修筑于民国二年（1913 年），曾名"宝带路"。

愚园路 523 号

高阳世泽 青龙桥街 100 号（已拆）

延陵堂宅 桃源路 107 弄 112 号
（已拆）

　　远古八户为"井"，井字外连线成八个面。八卦图衍生自古代的《河图》与《洛书》，曾誉为"大道之源"。德国人莱布尼茨最早为八卦阴阳思想起名"辩证法"，并据此提出了他的二进位制数学方法。

　　里弄的八卦图常伴虎、灵芝等图案，被视作信仰，崇拜祖先，或为民族图谱。旧时也有人迷信八卦图，将其视作祈福与避凶的图符。

东海坊 薛弄底街 46 弄 40 号

门饰半圆檐对称卷叶纹,门横额饰如意纹,寓意吉祥如意。
沿街联排式石库门建筑,门饰皆相同。

同仁坊 唐家湾路 92 弄（已拆）

东海坊 薛弄底街 46 弄 40 号

　　"如意"是现代人很难理解的一种古老造型，关于它的起源有多种说法。其头部形状如灵芝或浮云，身为曲柄，还挂有丝穗，梵语名为"阿那律"。其雏形约出现于东周，那时拥有如意的人通常是身份显贵的讲经高僧，或朝廷的大官。唐代段成氏在《酉阳杂俎》中记载过孙权曾挖掘出秦始皇使用过的一柄白玉如意。

　　如意纹在上海石库门建筑中往往布局在门额的主要位置，如东海坊、东台路 278 弄根德坊等。此外，还有与其他吉祥物构筑的组合图案，如同仁坊山墙的莲花如意图，周围伴随复杂的缠枝纹等。

　　现在，"如意"是寓意好运的一个摆设，今人不如前辈那么信它。

公益里 东长治路 142 弄 10 号

公益里为古典装饰的石库门，装饰串钱。1937 年建，砖木结构二层楼房 15 幢，与公和里
（1910 年建）相接，主弄长约 48 米，两个出口。东长治路修筑于 19 世纪 70 年代，初名"东
熙华德路"，俗称"中虹桥西堍"，1943 年改为现名。熙华德系 1861 年英驻沪总领事及
驻华公使。

龙门邨 尚文路 133 弄 71 号　　　　慎吉里 塘沽路 850 号（已拆）　　　　归仁里 康定路 3 号

　　秦汉以来，人们对钱纹装饰的使用一直甚为谨慎，自古就有很严的钱法，宋代禁令尤其多。至晚清时期，各种钱币的使用极为杂乱，有五光十色的洋行代价币，行业流入市面的有价筹码更是无奇不有，"老虎灶"也有筹码。民间感兴趣的杂八宝所寓意的宝物几乎全"向钱看齐"，如古钱、银锭、金锭、宝鼎等。此外，席间凑合句风气也重"钱"，字意间相互套趣，如一本万利、二人同心、三元及第、四季平安、五谷丰登、六合同春、七子团圆、八仙上寿、九世同居、十全富贵作口彩。

　　门户挂纸钱也是乡土民俗。《嘉定府志》记载，"凡门巷，器具皆贴以楮钱"①，城厢还有錾钱闹门钱的活动。可见，清末民国初期时的里弄自然是钱纹装饰的盛期了。

① 王子今著，《门祭与门神崇拜》，上海三联书店，1996 年版，第 96 页。

怡乐里 金陵西路 82 弄 8 号 (已拆)

门上浅三角檐，装饰山花与蔓草，柱上圆镜饰。1916 年建，二层砖木结构楼房 11 幢，主通道长约 70 米。

九如里 金陵西路 44 弄（已拆）

门檐圆镜饰，1917 年建，老式里弄，砖木结构二层楼房 7 幢。

增祥里 康定路 413 弄（已拆）

横拱圆镜饰，多见于旧时西方室内装饰。旧式里弄，砖木结构二层楼房 29 幢，多间联排式石库门。

志成坊 肇周路126弄

柱肩简洁圆镜饰，门头额花。1926年建，旧式里弄，二三层砖木结构房34幢。

红栏杆街 27 号

柱头圆镜饰,清水砖墙石库门住宅。红栏杆街由填穿心河而筑,因河上红栏杆桥得名。

余庆里 顺昌路 491 弄

汾阳坊 延安中路 540 弄

德康里 罗浮路 130 弄

温州路 32 号（已拆）

　　中国铜镜有着十分悠久的历史，商周时期青铜镜的冶炼就已达到相当高的工艺水平，现藏于上海博物馆的"透光镜"铸造手法十分高超。商周铜镜的纹饰有雷纹、兽纹、涡纹、饕餮等，汉代铜镜有朱雀、玄武、白虎、青龙四神纹饰。[①]有的镜面纹中还刻有如"左龙右虎辟不祥，朱雀玄武顺阴阳"等从图形到字句的描述。元剧中常见的"照妖镜""锁魔镜""驱邪镜"等用作辟邪，是古人凭空想象出来的"神器"，迷信其"神效"的宣传对后人影响深远，如照妖镜在民宅中使用较多。繁杂的宅祭仪式中有"主人奉神祖，则主妇持镜"[②]等，人们对"镜"的心理需求超过了装饰美的需要，这在上海弄堂的门饰中也有迹可循。

　　时过境迁，后人对上海门饰许多图案的成因已不甚了解，但丢失了原意也许反而让人体会到它们真正的美。英国有学者认为："人类文明中有一种惰性，保证了过去的信念和仪式能够留传后世，即使它们的意义早已被人忘却。迷信行为被公认为属于这种留传，就像迷信(superstition)一词所表明的那样。"[③]

　　人类文化在本质上是相通的，如建于 1638 年的罗马圣卡罗教堂的波浪形檐部，装饰有巨大的山花镜饰，[④]可再没有人记得波洛米尼在设计时对业主讲述了什么。

　①薛锋、王学林编，《简明美术辞典》，1985 版，第 51 页。
　②《日用百科全书》，上海商务印书馆，1919 年版，第 78、82 页。
　③[英]贡布里希著，范景中编选，《艺术与人文》，浙江摄影出版社，1989 年版，第 313 页。
　④陈志华著，《外国古建筑二十讲》，生活·读书·新知三联书店，2002 年版，第 142 页。

筷竹弄 32 号（已拆）

门楣瓴饰，凸檐门饰香蒲卷草纹。二间一厢式，砖木结构二层沿街石库门，原系亘余商号。

裕庆里 天潼路 860 弄 8 支弄 9 号（已拆）

半圆拱缺口檐与瓴饰。1930 年建，砖木结构二层楼房 41 幢，老式石库门，多间二厢式，弄长约 26 米。

良善里 济南路 26 弄 2 号 （已拆）

门楣缠枝纹，柱上瓴饰。1931 年建，老式石库门，砖木结构三层楼房 8 幢，三间二厢式，弄堂长约 23 米。

嘉庐 北京西路1592弄1号

新乐路82号

良善里 济南路26弄2号（已拆）

　　"罂"为屋上盛水的缶，成语"高屋建罂"比喻居高临下的形势。[1]旧时，民间对于罂有各种释义，农家为乞雨对神有所求，如旱季祈雷公行雨天降甘霖等。农耕时节过后，"罂"的盛器也就被当作吉祥物了。后来城里人又将其寓意延伸为聚财水、聚天之气。

　　稍稍留意上海里弄的墙头或柱顶也许可寻觅"罂"的踪迹，通常装饰在门楣或屋檐上。前人对聚财的表达颇为含蓄，远非后人那么直白。

　　上海住宅装饰的"罂"造型各异，如筷竹弄32号、良善里门饰的罂形似花盆，嘉庐屋檐上及新乐路82号的罂类似西方的瓮饰，这样的造型通常置于屋檐高处或女儿墙上。

---

① 《史记·高祖本记》，"地势便利，其以下兵于诸侯，譬犹居高屋之上建罂水也"。

203

大通里 凤阳路 598 号（已拆）

沿街石库门，门楣装饰断檐与瓮器。1927 年建，砖木结构二层楼房 20 幢，主道长约 58 米。
凤阳路 598 号曾为建承中学所在地。

永吉里 北京西路 966 弄 12 号（已拆）

断檐门饰，缺口方座瓮饰。1927 年建，砖木结构二层楼房 12 幢，主道长约 85 米，12 号为占地较多的石库门住宅。永吉里与至德里相通，主道均为南北走向。

400
合肥路

振华里 合肥路 400 号（已拆）

沿街石库门的三角檐瓮饰。1928 年建，弄内二层砖木结构楼房 45 幢，占地约 9.29 亩，原由上海棉布业同业会出资建造。合肥路修筑于民国五年（1916 年），曾名"天文台路"与"劳神父路"，均得名于徐家汇天文台。

育德里 果育堂街 34 弄 1 号（已拆）

缺口檐，门楣浅雕瓮饰。三间二厢式石库门，弄堂内有砖木结构二层楼房 23 幢，老城厢小弄堂。果育堂街因原地的义塾果育堂而得名。

207

升平街 45 号

新式住宅,门额半圆檐, 饰尖顶瓮。门侧双柱, 科林斯柱头。砖木结构三层住宅,
设角楼, 嵌灰缝清水砖外墙, 四坡顶屋面。

法益里 兴业路 54 弄（已拆）

大通里 凤阳路 598 号（已拆）

振华里 合肥路 400 号（已拆）

作为生活器皿，瓮的历史十分悠久。有新石器晚期的仰韶文化、马家窑文化的彩陶以及黑陶，陶瓮的风格粗犷朴实，是中国史前陶艺的顶峰，也是青铜器之前古代祭祀的器具之一。在传统园林建筑的装饰中，壶门就是虚拟的瓮饰，曲线的门廊又叫欢门，最初曾是象征尊贵的出入口，以后成为普通园林墙洞装饰之一。[1]

古希腊"瓮"曾用作赛事中的奖品，也较早用于建筑装饰。一些古老的祭祀仪礼上通常位于基座、祭台或圣龛、墙橱中的瓮被石雕艺术替代，成为华丽装饰而传承下来。巴洛克装饰时代的瓮饰经常置于门饰断檐的中央，屋檐凸处或女儿墙。17 世纪什罗浦郡的楼梯图例中还可以看到瓮对楼梯柱端的影响。

上海家门的瓮饰颇受西方建筑风格的影响，作为门头装饰均较为西方化。

---

[1] 薛锋、王学林编，《中国文化辞典》，黑龙江人民出版社，1985 年版，第 616 页。

善德里 慈溪路 102 弄 5 号（已拆）

门头饰团花，横楣饰宝鼎，大致有元宝、卷云、鹿角等八宝纹饰。1927 年建，三间二厢式为主的石库门里弄，沿街为店铺。弄内另有砖木结构二层旧房 8 幢，占地约 1.46 亩，弄堂长约 35 米。慈溪路于民国二十一年（1932 年）填池浜筑路，曾名「池浜路」，1943 年改为现名。

旭日初升

福兴坊 侯家路 144 弄 2 号

门饰半圆檐,图案由旗帜、宝瓶、双鱼、石磬、三戟与碗纹构成。左边旗帜为辛亥革命时上海起义使用的"铁血十八星旗",代表当时全国 18 个省,右边旗帜为民国时的五色旗,门额铭匾"旭日初升"。福兴坊 2 号为二间一厢式石库门,原为陈耀堂寓所,弄堂长约 24 米。

长阳路 320 号（已拆）

长阳路 320 号（已拆）

王医马弄 52 号（已拆）

上海门饰的八宝纹往往取决于业主的兴趣与宗教信仰的背景。八宝纹通常以其中一物为主或以聚宝盆来表达其意，通常较随意，没有数额的规定。

自古中国民间喜好"八"，八宝纹包括佛八宝、道八宝、杂八宝等，各有所指，选其信物。佛教八宝又称八吉祥，以法轮、法螺、宝伞、华盖、宝瓶、鱼、盘长、莲花等图案为主。道教八宝又称暗八宝，以扇子、宝剑、玉板、花篮、葫芦、荷叶、笛子、鱼鼓等图案为八宝。民间八宝选取的内容较多，也称杂八宝，这些器物信仰与当时的物质文明有着密切关联，八宝纹是旧时经常使用的装饰纹饰之一。

嘉运坊 新闸路 1851 弄（已拆）

石库门门楣饰双层菊瓣的扁盘，檐上饰贝形纹。1927 年建，砖木结构二层楼房共 26 幢，主道长约 60 米。新闸路修筑于清同治元年（1862 年），因苏州河新闸得名，初称"新马路"。

颂九坊 威海路 590 弄 72 支弄 14 号

门楣浅弓形檐饰槽纹盘饰，左右配小菊花皮球纹，额铭"瑞福盈门"。明清两代皮球纹甚为时兴，内容十分丰富多样。1924 年建，砖木结构二层楼房 4 幢，弄内狭小，长约 30 米，位于张家花园主道东北。

福康里 康定路454弄（已拆）

墙沿浅弓檐，面街四间二厢式石库门，门上扁盘饰，泰山砖贴面。弄内砖木结构二层楼房6幢，弄长约35米。

康定路修筑于清光绪三十二年（1906年），曾名「康脑脱路」，1943年改为现名。

嘉运坊 新闸路 1851 弄（已拆）

福康里 康定路 454 弄（已拆）

颂九坊 威海路 590 弄 72 支弄 14 号

　　盘饰是一种古老的纹饰，元明时期常用于装饰瓷器。纹饰形似圆碟，有车轮、涡纹线、梅花状等。民间瓷器中常以旋线纹出现，盘饰稍带旋动感。清三代的盘饰题材更广，还有一种称为皮球纹的小碟彩绘，以花卉为主。

　　18 世纪时欧洲的盘饰多见于门楣，大多采用槽纹盘，可能受到中国古丝路外销瓷器的槽纹瓷盘影响，可见于亚当式或新古典主义的门饰。[①]

　　上海石库门盘饰一般为椭圆形装饰，陪衬小皮球纹等。

① 程明主编，《世界室内设计细部图集》，上海交通大学出版社，1995 年版，第 165-166 页。

松雪街 71 弄 2 号（已拆）

门额半圆檐，柱上箭束饰。旧式里弄，砖木结构二层石库门 7 幢，弄堂长约 24 米。
松雪街曾名"穿心河直街"。

平安里 塘沽路 42 弄 10 号

石库门围框枝束饰，为箭束装饰的图案化。1920 年建，砖木结构二层石库门 16 幢，嵌灰缝清水砖墙，弄内 20 号原为上海五金同业公会。塘沽路修筑于 19 世纪 50 年代，初名"文监师路"，俗称"蓬路"，因圣公会主教文惠廉得名，1943 年改为现名。

吉祥里 河南中路 541 弄

金陵东路 259 号

松雪街 71 弄 2 号（已拆）

  箭束装饰是古典建筑装饰的图案之一。箭束装饰源于古战场成捆装束的箭，从法国卢浮宫武士与兵器的雕塑就可以窥视西方古代兵器的箭支是如何捆绑的，从饰纹中可以了解到西方建筑尚武精神的一面。

  在上海住宅和里弄，箭束饰常装饰在山墙与门饰上，有时也作为边纹图案的装饰，如塘沽路的平安里门饰。

附录：漫话里弄

沪城北郊

　　鸦片战争英军的炮舰轰开了大清帝国的大门，也炸开了吴淞口的海防。当十余英舰侵入黄浦江后，最先踏入上海北郊的一队英军大肆掠夺与屠杀平民。

　　1842年6月16日，英舰纳密季斯号血洗上海吴淞口炮台，英军蒙哥马利中校的一支2000人的步兵部队带着两尊炮，经吴淞江新闸石桥而下，熟门熟路地先期踏入的就是这片风水宝地。吴淞江（苏州河）、洋泾浜（延安东路）至外滩南北的狭长地带，是地处黄浦江英军舰炮的射程之内，当地俗称"北郊"的地方。

　　同年6月19日，英军经北门占领整个未设防的县城，司令部就设在城隍庙九曲桥的湖心亭。最终，沪人被迫支付了50万两银子的赎城费方使洋寇撤出。翌年上海正式开埠，沪城北郊遂成"夷场""洋场"的租界地。经历了华洋杂居充满屈辱的百年嬗变，当年的北郊终成当代上海城市发展的起点。大约在小刀会与太平天国运动期间，上海诞生了成片以"里"为名的石库门里弄。城隍庙九曲桥的湖心亭也成为史学爱好者怀旧的好去处。

　　其时，所谓无人滩涂，传说中的荒地人云亦云并不见实。1844年，外滩宝顺洋行就是通过业主奚尚德永租的。沪城北郊乡民保护土地的斗争十分惨烈，临江的外滩一带绝对是各有地主，主人们几乎都拒租自己赖以生活的土地。外商往往是在巴富尔和上海道的亲自陪同下，由麦华陀作翻译，强势"劝"租。如琼记洋行、有利银行等许多洋行的用地都是与官府一起对当地平民强租强拆。法租界外滩，雷米首租地的人口密度更高，有12个钉子户在等着他。有的平民宁死不肯离开家园的场景在史书中都记叙得颇为详尽。道光皇帝在安置租界方面曾有"妥为料理，万勿别生事端"之言。于是地方官员在设置蕃坊隔离华洋，夷夏大防的前题下只能夸大"卑湿之地丘墓累累，荒土芦草丛生"的一面。那些占据江滩纤道的洋行原址，事实上其土地无一处是官府赠予的无主滩地。[1] 1855年，英国人在强占土地驱逐华人时，焚其庐舍至为残酷。[2]

　　《利玛窦札记》曾对明代上海城内城外的人口有所描述："城的四周有两英里长的城墙，郊区的房屋和城内的一样多，共有四万家，通常都以炉灶数来计算。""因为即使乡村也是人口过分拥挤，城市周围是一片平坦的高地，看起来与其说是农村，不如说是一座花园大城市。"[3]

上海县志尤其称颂沪上嘉禾丰，史书无不称"壮县"。至晚清，仅北郊的自然群落就有李家庄（现北京东路）、梅家弄（宁波路顾家弄）、宋家弄、苏宅（厦门路）、胡家宅（福州路湖北路）、红庙（南京路）、五圣庙（抛球场占地）、老闸桥的竹漆市、中旺街前身的布料市、宁波栈房等，其中李家庄是藏书大家李筠嘉的世家聚居地，城内寓所吾园。[4]

上海开埠十年时，租界已翻倍扩张，然而英租界统计华人口只 500 人，登记在案的外国人 243 人。[5] 可见英国租界忽略原住民，也无视赤贫犹太社团的存在，更不计流动人口了。

英国城市的历史统计也曾如此表明：据 1501 年至 1502 年伦敦史料记载，伦敦城市当局统计的市民人数仅为 4400 人，他们享有市民的权利，因为这些人缴纳税赋。其余的居民们不管是否在伦敦出生都被视为无公民权，这些人大都是贫穷的仆人和劳动者。[6] 英国社会是极为复杂的等级公民制。人类学家艾伦·麦克法兰曾说："英格兰社会过去是，今日仍然是非常讲究等级的，实际上的财富特权或许比全世界任何国家都要厉害。人类平等的理想在整个英语世界游荡，如果说我们实践了自己的宣言，这当然是彻头彻尾的谎言。"[7]

1861 年以后，也就是圆明园被焚以后，上海滩的越界占地活动变得更直接而简单了。例如法国官员的函件称："时机到了，征购地皮的命令最好来自更高级的官方，最好由恭亲王下令给抚台和道台，叫他们出空小东门至法租界现在界线之间的所有地皮和房屋，交给法国人。必要的话，可以派军队占据，像以前成功地做过的那样。"[8]

而今，那段历史已经过去。现在很少有人知道人民路靠河南南路段就是当年沪城晏海门的旧地，向北就是沪城北郊的起端，向南不远处就是上海的城隍庙。庙门额铭有明嘉靖十四年（1535 年）知县冯彬的题匾"保障海隅"。与大多数游客一样，当年英军蒙哥马利中校的铁蹄踏上九曲桥也是从这个方向，当他细究城隍庙的门匾"保障海隅"时是否忍俊不禁就不得而知了。

1　刘惠吾编著，《上海近代史》上册，华东师范大学出版社，1987年版，第52页；唐振常主编，沈恒春副主编，《上海史》，上海人民出版社，1989年版，第137页。英军勒索上海赎城费的另一说法为30万元，见第133页，最终被计算在《南京条约》赔款项内。
2　徐公肃、丘瑾璋、蒯世勋著，《上海公共租界史稿》，上海人民出版社，1980年版，第29、303页。
3　利玛窦、金尼阁著，何高济等译，《利玛窦中国札记》，中华书局，1983年版，第598页。
4　《上海市黄浦区地名志》，上海社会科学院出版社，1989年版，第19、45、53、132、138、140页。
5　《上海研究资料》，上海通社编，中华书局，1935年版；上海书店出版社，1984年版，第138页。
6　徐强著，《英国城市研究》，上海交通大学出版社，1995年版，第11页。
7　[英]艾伦麦克法兰主讲，清华大学国学研究院主编，《现代世界的诞生》，世纪出版集团、上海人民出版社，2013年版，第109、111页。
8　[法]梅朋、傅立德著，倪静兰译，《上海法租界史》，上海社会科学出版社，2007年版，第209页。

同和古里

明清时期，东门一带的上海钱庄业曾相当发达。豫园里的《内园碑记》记载的清嘉庆元年（1796年）时的钱庄就有106家，咸丰十年（1860年）钱庄始移北市。宁波路一线是有名的钱庄街，74弄的同和里更以"同和古里"的独特名称载誉史图。何以如此？颇引人猜思。

一、称其为"古"里

同和里是最早出现在英租界的里弄之一，大约从20世纪30年代起，史料中逐渐将其称为"同和古里"。

同和古里的名称可见于1947年版的《上海市行号路图录》[1]；再见于1949年顾颉刚主编的《上海市里弄详图》[2]；之后的《上海市里弄俗称汇编》[3]《上海市路名大全》[4]《上海市黄浦区地名志》[5]。

二、同和里的文字含意

"和"字是早期来华洋行常采用的汉字之一。仅外滩一带就有：怡和洋行、宝和洋行、平和洋行、礼和洋行、协和洋行、德和洋行、正广和、美和洋行、瑞和洋行、泰和洋行等。而公和洋行则垄断了外滩几乎所有主要建筑的设计事务。

西方人很了解在中国做生意需要"和气生财"。比如，正广和汽水商标选用《诗经》中的句子"泌之洋洋，可以乐饥"；礼和洋行的油灯招牌词是"旻祓得鹿"，谐音"明火得乐"，意为天施福禄。可见来华洋人的"国学"功底之深了。

"同和"一词寓意平等祥意。当时同和里的北首还有一个"同和兴仓库"，现在的意思就是双赢。同和里的名称很可能出自华洋联业之手，中西之和溢于言表。据粗略统计，1862年上海买办的人数多达一万余人，买办已成为当时上海公认的"士、农、工、商"之外的第五行业。[6]如1869年，余姚人王槐山既是买办，又是钱庄票汇引导外资银行的短期放款人。

三、同和里的特殊地理位置

同和里地处1846年英租界第一次划定的界路之内（今河南路以东）。弄堂南北向，向南为宁波路出入，北通北京路。

界路之东初建期，华洋分居很严，即便是华商买办，也规定华人白天出入租界，晚上过宿还得回城。最初的华人买办只是管理洋行内务琐事的管家，以后扩大到财务、银库管理及业务与信用保证的重要中间人。直至成为洋行通过买办来影响和控制中国商家和钱庄的一个重要途径。[7]

1872 年，当时北京路 16 号曾以"同和洋行"之名在申报刊登广告："今拟在黄浦滩为汇丰银行建造大屋一座，凡愿承办此工者，仰具书内，外何价投入本行，其房图样与造作各情至本行探问可知，然定是工亦非与价最廉者而为约也。[英]九月初八日。"

同和里很可能是由洋行与钱庄最早的华洋合作得名的里弄。

四、地图上最早的里弄平面

同和里位于兴仁里的东侧，比兴仁里要早建许多年。1855 年英租界地图《大上海外国租界规划》其中位于 82 号地块是同和里的位置，平面布置南北走向已十分清晰，新筑宁波路则刚到同和里的弄堂口。而后来出现的兴仁里是位于相邻的 63 号地块，其时尚属空地。[8]另一个被认为最早出现的公顺里，其时也未入地图。可见"同和古里"是最早见著上海地图的里弄平面了。

宁波路原为南北向的布料市，开埠后遂成东西向的钱庄汇集地，这与同和里早年金融活动有很大关联。据民国五年《上海指南》记载，同和里弄内钱庄就有存德、恒兴、怡大等十多家。1920 年同和里福源钱庄庄主秦润卿，还是公誉的业内领袖与会长。[9]

开埠 80 余年"同和里"被沪上多个史图标注为"古里"实属不易，是一件很容易引人猜想的沪上史事。究其原因，这或与清咸丰以来士绅中滋生的一股偏激潮有关；常以邪压正，无端喷人，建树不易的东西转瞬间就毁掉了，如淞沪铁路。左宗棠曾有句名言："洋务不可说，一说便招议论，直须一力向前干去。"[10]

1 蒉福田、鲍士英编绘，《上海市行号路图录》，福利营业股份有限公司出版，民国三十六年（1947 年）。
2 顾颉刚主编，《上海市里弄详图》，华夏史地图表编纂社，1949 年 6 月，第十二图。顾颉刚曾是与毛泽东有书信来往的少数几个学者之一。
3 上海市公安局编印，《上海市里弄俗称汇编》，上海市公安局，1975 年版，第 301 页。
4 石颂九主编，《上海路名大全》，上海人民出版社，1989 年版，第 491 页。
5 《上海市黄浦区地名志》，上海社会科学院出版社，1989 年版，第 204 页。
6 于醒民著，《上海 1862 年》，上海人民出版社，1991 年版，第 254 页。
7 唐振常主编，《近代上海繁华录》，商务印书馆，1993 年版；丁日初主编，上海近代经济史：第 1 卷，上海人民出版社，1994 年版，第 86 页。
8 张伟编，《老上海地图》，上海画报出版社，2001 年版，第 37 页。
9 唐振常主编、沈恒春副主编，《上海史》，上海人民出版社，1989 年 10 月版，第 103 页；范永林，《老上海的钱庄业》，新民晚报，2001 年 11 月 17 日刊。
10 程童一等著，《开埠：中国南京路 150 年》，北京：昆仑出版社，1996 年版，第 680 页。

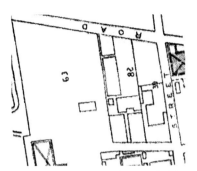

1855 年英租界地图，82 号地块为同和里，新路刚修筑到同和里，63 号地块的兴仁里尚空置

上海地图 1939 年的兴仁里、同和古里的方位

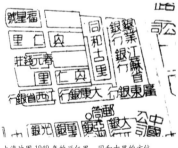

上海地图 1949 年的兴仁里、同和古里的方位

八仙桥

上海外滩曾有一座美丽的古石桥，是洋泾浜（现延安东路）入浦不远处的"第一桥"，明代修志及1750年乾隆前志中都这么称呼它，多少年来人们又叫它"洋泾桥"。古桥的两端有三四级宽阔的石级，原址在现延安东路四川路口靠东几十米的地方。1814年的《嘉庆上海县志》始称其"八仙桥"，究其成因，可能与出资修缮的士绅有一定的关联，上海的历史桥名传统上也正如此。

古石桥向北约有三条横向土路，过了就直奔苏州河口的李家庄了。上海开埠后，抵制了很久的李家庄终被英租界领事馆收购，现在是"外滩源"的地方。李家庄曾为嘉道年间富绅李筠嘉（1766—1828）的世代属地，在城内寓居吾园，是当时著名的慈云楼藏书大家，往返古石桥也是进出城郊的主要通道。

初到上海的法国人对古石桥状况有所描述，1848年10月17日法国人哥士耆的第一份法租界地皮申请书中说："一边是从洋泾浜第一桥通向法国领事馆，并进入上海城的那条街。我能够造房子的地方其西面界线是从黄浦江向洋泾浜第一桥伸展的那一排房子的第一所房子。"[1]1853年有法国人描述洋泾浜上的三座桥"一座是很美的中国式石桥，两端有三四级宽阔的石级，法商雷米的宅地沿孟斗班小路可通石桥、再过去（朝西）是北桥、泰勒氏桥"。[2]

洋泾浜水道不宽，木桥曾几度被淹没，历史上洋泾浜只剩一座桥的事例可见史书。1814年《嘉庆上海县志》卷二曾述："西洋泾在方浜北，浦水入'八仙桥'，经三茅阁前西流，北通寺浜、宋家浜，西通北长浜。西南通周泾（现西藏南路）。"[3]

再一次是上海小刀会、太平军造反期间，洋泾浜也剩孤桥一座，《同治上海县志》记："洋泾浜在方浜北，东引浦水入'八仙桥'西流。北通寺浜，西通长浜，南通周泾。"[4]这次是清朝的军队在洋泾浜上人为地焚烧了两座木桥后造成的结果，企图切断小刀会的退路，也防备小刀会的突袭。

1855年版的上海英租界图（Ground Plan of the Foreign Settlement at Shanghai）证实了《同治上海县志》的记载。地图上位于洋泾浜入口处只有一座桥，清晰可辨。此时古石桥的北端在英租界 153 号地块，新造的房子已阻断了它向北的去路。

事因是 1853 年秋，上海爆发了小刀会的反清起义，位于租界的海关被毁，通向外滩的古石桥蓦然成了军事要地。法国人曾经记录："9 月 8 日深夜，造反的第二夜，英国舰长费世班就率一队海军陆战队，带着两门炮，驻守在通往雷米住宅的石桥台阶上。"[5] 从此，石桥就这样落入英、法租界驻军的手上。

仅数天，9 月 11 日薄暮，英又设兵防御当时的三茅阁桥。称："手持利刃，首裹红巾者不得过，（但城里人）迁徙纷然。"[6] 翌年 3 月 6 日，英副领威妥玛提议拆除石桥，被法领爱棠拒绝。

1854 年初，清军在洋泾浜焚烧所有木桥，3 月 17 日，清吴道台多次要求英、法租界当局拆毁古石桥，指出："洋泾浜的这座石桥有助于叛乱军补充给养，而且使叛乱军有可能到英租界抓捕清军……将来叛乱军可以从这座桥逃走并躲入英租界。"但是吴道台的请求依旧遭到法、英租界以违反中立原则为由的拒绝。[7]

1858 年，法国人拟在洋泾桥的外侧再建一座新桥，即"外洋泾桥"。这样就可以将外滩主道与法租界沿江一带码头连接起来，即现在的中山东一路与中山东二路对接。当年法租界的地图上洋泾浜依次排列着 4 座桥：外洋泾桥、洋泾桥（县志中称其"第一桥""八仙桥"）、三茅阁桥（原史密斯出资的北门桥已被清军焚毁）及陈家木桥，桥的地理位置很清晰。[8]

约 1862 年，古洋泾桥前后的土路几近蚕食，废毁已难免。就在太平天国进军上海期间，石桥终被拆除，去向不明。然而时隔不久，县志中曾经记载的"八仙桥"称谓又被隆重地喧闹一番，大出风头，这原系一段中国近代屈辱史。

1860 年，英法联军在"八里桥"一役中打败了八旗精锐，焚烧圆明园。京城外八里桥是建于 1436 年明正统年间的石桥，是直逼皇城约八里路程的古桥。当年咸丰的二万禁卫军在此磨刀霍霍，气势非凡，但是旗人的强弓利刃对阵洋人的来复枪，真是一场赌与屠的血剧，禁卫军无一人生还。其时法国军官德凯鲁勒在《北京之行》中记："禁卫军在大炮的交叉火力下跑遍全桥，在枪林弹雨下挥舞着旗帜以鼓舞斗志。没有一个人后退，全部以身殉职。"一场人类惨剧就在入侵者的弹雨中悲壮落幕。

英、法枪弹退膛是有代价的，法国的赔款由200万两银子猛增到800万两，并且在付清后远征军才肯退出，英法同银，重温了"英雄时代"的荣耀。1862年，远在上海法租界的一条小马路拟扩建，为庆祝八里桥带来的财运，冠名"八里桥街"，上海市民闻讯群起抵制。

清同治四年（1865年），有出资方在位于洋泾浜与周泾的交汇处围着八里桥街筑起4座新桥，皆冠以同名"八仙桥"，即北、老、中、南4座八仙桥。其中南八仙桥为石桥，接通法大马路（现金陵东路），中八仙桥过菜市街（现宁海东路），老八仙桥位于现在大世界，北八仙桥接通英租界云南路与法租界八里桥街。八仙桥开通以后，使得该地域交通极为方便，店铺林立，市面繁荣起来。

清光绪二年（1876年），杭州人葛元煦在《沪游杂记》中手绘英法租界图，首次将八里桥街改为"八仙桥街"。1880年，《上海县城厢租界全图》中亦称其"八仙桥街"。光绪十五年（1889年），在"八里桥街"的南端，归四明公所宁波同乡会木栈场的一段新路启用，新路名为"八仙桥路"（现桃源路的东端）。于是，"八仙桥"再次名声鹊起，成为无人不知的繁华热闹地段。另外，沪语中"八里桥"的读音有点拗口。多年后，本埠极少人晓得什么"八里桥街"，怀疑是否搞错了。直至1917年，新版的法租界图自改八仙桥街，而桃源路全段东端（八仙桥路）与西端（闽江路）统称法租界"爱来格路"。

1914年上海大兴填河筑路，洋泾浜、周泾的4座八仙桥均被拆除，但其地域名称却留传下来。时值弄堂建造高峰，八仙桥此域拓展的百米之间著名的有：大世界、宝大祥绸布、南京大戏院（音乐厅）、恩派亚大戏院、黄金大戏院、锦江川菜馆[9]、四明医院（曙光医院）、外国坟山（淮海公园）、国恩寺、青年会与中法学堂（光明中学）等。如果电车到站报其中的一处，就算到八仙桥了，初到上海的人也许一头雾水。这就是"上海滩"影剧中所谓的闻人轶事的主要事发地，是发生过太多太多弄堂故事的老地方。

1 [法]梅朋、傅立德著，倪静兰译，《上海法租界史》，上海社会科学院出版社，2007年版，第354页。
2 同上：第23、53、55页。
3 《嘉庆上海县志》，嘉庆十九年修卷二，第31页。
4 《同治上海县志》，同治四年修卷三，第19页。
5 [法]梅朋、傅立德著，倪静兰译，《上海法租界史》，上海社会科学院出版社，2007年版，第59页。
6 上海社会科学院史料研究所编，《上海小刀会起义史料汇编》，上海人民出版社，1980年版，第44页。
7 [法]梅朋、傅立德著，倪静兰译，《上海法租界史》，上海社会科学院出版社，2007年版，第76页。
8 [法]梅朋、傅立德著，倪静兰译，《上海法租界史》，上海社会科学院出版社，2007年版，第137、141页。
9 八仙桥华格路31号为董竹君的锦江川菜馆，其创办者包括刘青云、张敬堂、张汉江、胡考聚等人。

八仙桥菜场与尚义坊（永善路 26 弄，已拆）

尚义坊建于 1931 年，三层新式里弄。东南围着八仙桥菜场，后有八仙坊毗邻。永善路初名"孟神父路"，1882 年修筑于老、中、南八仙桥的西堍。

1921 年雷玛斯创建的恩派亚大戏院，也是八仙桥地标建筑之一（已拆）

龙门路，金陵中路口为八仙桥地标之一，图为恒茂里沿街的协大祥绸布、余生源南北货等（已拆）

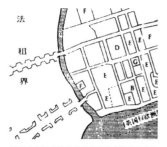

1848 年上海开埠时洋泾浜上尚有 2 座历史古桥，即洋泾桥和三茅阁桥

洋泾桥是入浦不远处的"第一桥"

1855 年 5 月，英租界地图实绘洋泾浜石桥的位置，在 153 号地块南边，仅一座桥

锡安里

上海的里弄也曾是犹太人的东方家园，位于跑马厅西侧名为"锡安里"的老式旧里始建于 1905 年，弄堂纵横交错。大沽路 78 弄、90 弄、110 弄、142 弄、166 弄、186 弄（马安里）6 条里弄总称"锡安里"。[1]最初以养马为生的无国籍犹太人在那里安居，这一带原为沪上西乡"芦花滩"湿地，被人泛称"马立斯"，其北端 1862 年由沙逊家族捐资的犹太公墓标志着犹太社团实体的存在。

其实，上海开埠之初就有一批犹太富商与贫民随即而至，在养马、赌彩、地产行业中可以看到他们的足迹。锡安里以南还有新马安里、马德里、马乐里、马吉里，新昌路祥康里的外墙还留存着六角星形纹。

跑马厅西侧有一条"马霍路"（Mohawk Road）（现黄陂北路），上海租界的外文路名大多取自英法领事或名绅的名字，只有马霍路的译意为"北美沿河部落"。19 世纪以来，犹太赤贫群体不断涌入上海，形成约 6000 人的临时社团，他们只求一方容身之地，并不在西方人口的统计之列。只有少数来自英属巴格达的塞法迪犹太富商能参与上海租界冒险家豪赌的乐园。从 1933 年到 1941 年，大批从希特勒屠刀下逃生的欧洲犹太人远涉重洋来到上海，至 1941 年 12 月太平洋战争爆发时，仍有约 2.5 万犹太难民把上海当作他们的避居地。[2]

人类的迁徙可追溯至久远的年代，而含意迁徙的民族其艰辛的经历可想而知，"希伯来"本意就是迁移。[3]八百年前，中国开封就存在着迁移的犹太族群，与多元的中华民族安然相处。在耶路撒冷博物馆陈列的一块东汉石碑，碑文记载着一位犹太人在朝廷任职的事迹。[4]至于四川三星堆考古发现的金质王杖、青铜六角星会引起人们对史前文明迁徙的更多联想和好奇。

希伯来语"锡安"是《圣经》中对耶路撒冷的代称，"锡安主义"始于 1896 年赫茨尔著的《以色列国》一书。"耶路撒冷"有"和平之城"的意思，和平正是所有民族的希冀。[5]

第二次世界大战时期，在犹太人被迫害的日子里，远在上海的德国排犹分子也十分活跃，署名为"雅利安联盟"的排犹传单经常从国际饭店楼上撒向路人，警告上海人"犹太人在侵入"，并号召抵制犹太商人。[6]

美国前财政部长布卢门撒尔（左三）1979年重访虹口旧居
资料取自《解放日报》，2014年2月8日，第2版。

锡安坊（大沽路166弄54号，已拆）

锡安坊（大沽路166弄52号，已拆）
锡安坊位于锡安里总弄的中间，建于
1924年，二层旧式里弄，弄内三间二
厢石库门3幢为主体，主道17米。
锡安坊52号（原无铁门和门灯）、
54号石库门建筑结构比周边几条弄堂
好些，位于地块中心。

　　但战时贫苦深重的中国人依然不改善良互助的伟大秉性，世界各地都曾有过华人救助犹太人的事例。仅上海唐山路、霍山路、高阳路一带的里弄就如"东方的诺亚方舟"般接纳了战时上万的犹太人，美国《密勒氏评论报》主编鲍威尔指出："一些人已经在世界上兜了一圈，竟无处着落。"美国前财政部长布卢门撒尔回沪"寻根"时曾说："上海是唯一愿接纳我们的地方。"

　　当然，上海文明进程中也有那些犹太难民的贡献，在上海仅犹太医师就有二百多名，乐队指挥十五人。还有著名的首席小提琴手爱德勒、作曲家奥托、大提琴手瓦尔特、小提琴教育家海菲兹等。医生罗生特是拿着何凤山的"生命签证"来到中国又为中国抗日作出贡献[7]，勿忘作家希伯血染沂蒙的故事，至今那些在上海出生或长大的犹太后裔依然对童年的那个家深怀情意。

1 上海市公安局编印，《上海市里弄俗称汇编》，上海市公安局，1975 年 7 月版，第 698 页。
2 熊月之、马学强、晏可佳选编，《上海的外国人》，上海古籍出版社，2003 年版，第 255 页。
　[法] 白吉尔著，王菊、赵念国译，《上海史：走向现代之路》，上海社会科学院出版社 2014 年版，第 216 页。潘光，联合国研讨会演讲《上海，犹太难民的诺亚方舟》，《解放日报》，2015 年 4 月 11 日，第 7 版。
3 [以色列] 欧慕然、[中国] 唐建文著，《从耶路撒冷到北京》，世界知识出版社，2012 年版，第 198 页。
4 程童一著，《开埠》，昆仑出版社，1996 年版，第 609 页。
5 探索发现丛书编委会编，《闻名世界的辉煌宫殿》，四川科学技术出版社，2013 年版，第 19 页。
6 熊月之、马学强、晏可佳选编，《上海的外国人》，上海古籍出版社，2003 年版，第 274 页。
7 柯兆银主编，《上海滩野史》，江苏文艺出版社，1995 年版，第 313 页。除了中国外交官何凤山为欧洲犹太难民签发了数千份来华签证，驻日陶宛的日本外交官杉原千亩违命作了同样的签证救助，但那些难民最终到达的并非日本，而是同一座伟大的城市——上海。

为什么是"里"

"在野为庐，在邑为里"是汉代的标准说法，但是发展到清代，中国大多数的城邑并不见得就是这样了。如京城多"胡同"，苏州多"巷"。为什么反而是上海的租界如古书所指"在邑为里"那么标准化呢？开埠以来尊"里"风气甚盛，法商洋行有蜜采里，[1] 英商洋行有李百里，将"里"诠注成公司了。[2]

一、"里"与耶稣会传教士的关系

1609 年 12 月 24 日，早在明朝的那晚，对于耶稣会教徒是有意义的一天，上海第一个圣诞欢乐之夜就在南门的"康衢里"渡过。意大利神父郭居静（Lazzaro Cattaneo）用汉语诵念做了三台弥撒，"里"的尊贵主人就是徐保禄，即明礼部尚书徐光启。康衢里的地理位置在《嘉庆上海县志》卷六中注："其地应是县桥至南门大街也"，即现在的光启南路。再向南即桑园街，此曾是徐氏城外的园圃和寓所，1641 年在县桥北块曾凿石建阁老坊赞颂徐光启。

约 17 世纪中叶，罗马的教皇大概就知道"里"了，因为早在 1615 年《利玛窦中国札记》的拉丁文第一版就已在德国奥格斯堡面世，那些由梵蒂冈教廷属下的各个修会及派出传教士的联络信件早已来往于中西之间，利玛窦神父是当时正面评述中国历史文化并介绍给西方世界的第一人。1640 年，意大利神父潘国光（Francesco Brancati）在徐光启的第四个孙女玛尔第纳小姐的资助下购得"安仁里"世春堂的产权[3]，这是沪上第一座正式的天主教堂，易名"敬一堂"。这也是被允许入华传教的耶稣会神父多年来梦寐以求的居留点，"里"首次成为潘国光信件送交罗马的在华"家址"，次年他还在徐家汇主持了徐光启的葬礼。20 多年后，1665 年潘国光因禁教之变拘于广州，卒后，叶落归根被送返上海的"故里"安葬。其时上海的教徒已过 4 万之众，很难搞清楚像玛尔第纳那样的教名有多少个，相比邻县嘉定才 400 个教徒，可见上海信教基础之深厚了。[4]

在明清两代禁教的漫长岁月里，梧桐街安仁里确实是一个被罗马神父们耿耿于怀的"里"。因为教会从未放弃过那个中国庙式建筑的老天主堂，还有那些颇具独立头脑的教徒。

上海开埠后教会终于获得一笔补偿，神父传教的处境也变了。在上海小刀会起义期间据能够自由进出县城的雒魏林神父讲述："每逢教堂开放，城内平民就成群地到教堂做礼拜。如果获悉双方战斗即将开始，我们就迅速撤退。"[5] 可见神父布道并非孤立无援，而类似安仁里的小教堂依然是神父们最挂念的地方。

二、传教士与房地产商

在小刀会起义时期，另一位美国南浸信会神学博士晏玛太（Matthew Tyson Yates）的活动范围甚至可以大到陪同美公使马沙利进城考察，他是用上海话布道的神父。战事过后，他摇身一变，成为精明的房地产商人。晏玛太在给他父亲的信中称其利用职务之便从事房地产的得意手法是："先低价买进土地，然后抵押，再购进另一宗地产从而获利很多。"[6] 在一批信教的难民中，那些有钱的教徒在神父的护庇下也纷纷加入建造民宅的牟利急流中，[7] 这批人融合了中西文化，也是上海以"里"为名的弄堂开拓事业的创业者。

三、"里"享有很高的声誉

"里"传统上是上海城里的"高级住宅区"，享誉很高。清同治上海县城内的安仁里、同仁里、行仁里、康衢里等都是潘允、徐光启等受人尊敬的大夫的族聚宅邸。

中国汉代"里"的地位其实亦相当高。《汉书·食货志》中的"五家为邻，五邻为里"是相当于士绅阶层往来的居住环境。[8]《史记》称老子是厉乡，曲仁里人也，所以在上海开埠之初的房产促销中，"里"代表着十分理想的文化红利。

四、反清复明之火未灭

汉代以来，各朝代对"里"都有所规定，如《汉书》中有"在野为庐，在邑为里"；唐代百户为"里"，五里为"乡"；元代城设"坊"，正乡设"里"；明代凡一百十户才为"里"；清代的"里"只是前朝历史旧名。康熙元年时，"县下设十保，一保为三十区，一区为十图，一图均十甲"，有较强的行政建制，上海属高昌乡二十五保。如沪上北郊（租界地），老闸桥苏州河以南至洋泾浜为二图，外滩至北门为三图，小东门划归七图[9]，按十甲管辖而并非荒滩。

很显然，开埠后租界当局自然要打乱原有保甲制。重要的内因是小刀会高举反清复明大旗，"在邑为里"得到租界一边民众的普遍响应，里弄群起如雨后春笋，清政府实属无奈。

1 《暧昧的西菜》密采里照片，剑萧、薛理勇、沈文英文章，《新民晚报》，2004 年 8 月 22 日，45 版。
2 熊月之主编，《上海通史》，上海人民出版社，1999 年版，第 70 页。
3 阮仁泽、高振农主编，《上海宗教史》，上海人民出版社，1992 年版，第 616、808 页。
4 利玛窦、金尼阁著，何高济等译，《利玛窦中国札记》，中华书局，1983 年版，第 598、602 页。
5 上海社会科学院史料研究所编，《上海小刀会起义史料汇编》，上海人民出版社，1980 年版，第 627 页。
6 阮仁泽、高振农主编，《上海宗教史》，上海人民出版社，1992 年版，第 808、616 页。
7 葛壮著，《宗教与近代上海社会的变迁》，上海书店出版社，1999 年版，第 85、66 页。
8 程建军文，《古建园林技术》，44 期，第 52 页。
9 《同治上海县志》，卷七，第 11 页；卷首，第 12 页；卷二，第 8 页。

上海里名

上海的里弄数以千计，里弄名称丰富多彩，似乎成了汉字艺术的街头展馆。无论是传统习俗式的或是立意成趣式的里名，都体现了这座城市的人文底蕴，浓缩了一段历史。

上海里名通常取自业主的喜好或者名号，如景星里就取自李鸿章的洋务候补道官商康景星之名。上海里名也很受时局的影响，辛亥革命时凡街巷有"清"字的皆以"华"易之，如德清里改为德华里，清盛里改为华盛里，再如颂俊里改为颂军里。有些里名则取自路名或者有祈福寓意的字词，上海里名有很大一部分是在赞扬仁、德、志、勤、善、贤等中华传统美德。

上海里名中以爱国为名的见于石门一路214弄的"大中里"，当时帝国主义以"大英、大日本"自称，所以业主以"大中"表示大中华之意。

以感恩为名的里弄有威海路910弄的"林邨"，在1941年哈同别墅将建成时太平洋战争爆发了，当时日军欲强占新建的弄堂，幸得林伯辉博士出面与日方几经交涉，宅主才得以入居新屋。居民为其起名"林邨"以表感恩之情。

使人心情沉重的里名有抗战时芷江中路141弄的"仁成里"，少年路24弄的"成仁里"。会馆后街58弄的"安澜里"是为纪念抗日名将戴安澜将军，弄堂北首还设一座安澜道院。

以时局变化为名的里弄，如万航渡路393弄的"和平邨"，因抗日战争胜利，重新获得和平而得名。

以义举为名的里弄，如定西路1190弄的"礼义邨"，因设立房屋为义卖而得名，设：忠、孝、仁、礼、信5个新邨。

因集资建成的里弄，如建国西路316弄的"合勋坊"，1929年由善道堂集资兴建得名。

以胜景为名的里弄，如"涌泉坊"。涌泉在静安寺门前，是清代之前上海的胜景之一。

以戏剧为名的里弄，如南京西路1729弄的"柳迎邨"，以《汾河湾》剧中薛仁贵之妻柳迎春为名。

以宗教信仰为名的里弄，如蒲东路735弄的"天福里"、衡山路964弄的"孝友里"，祈祷天主赐福，教友是一家等；南京西路1451弄的"慈厚里"，称颂"佛"的慈悲。

以思源为名的里弄，如徐镇路125弄的"浚源里"，主人以怀念父辈带来的恩泽而思其源。

以古人为名的里弄，如顺昌路612弄的"信陵邨"，以赞颂战国四君子之一信陵君的好客而取的邨名。

顺安里（武昌路326弄，已拆）
中西合璧的上海弄堂。建于清宣统二年（1910年），弄堂主道西侧老洋房三层外廊式住宅，东侧二层砖木结构房3幢，326弄3-7号为石库门，弄内主道长约43米。

以词牌名为名的里弄，如新闸路1124弄的"沁园邨"，以《沁园春》词牌名为邨名。

以老街为名的里弄，如延安中路632弄的"百花巷"、威海路590弄72支弄的"永宁巷"的业主为苏州人，以苏州老寓所永宁常用的"巷"为名。

以祖籍为名的里弄颇多，有东鲁里、太原里、徽宁里、西安坊、延陵邨、高阳里、安庆里等。

此外，还有一些有特色的里名：静远里，因古典著作的名句得名的里弄，在《三国志》中，诸葛亮曾有"宁静致远"一说；三德坊，嘉善路17弄，由业主陈氏三兄弟"德"字辈得里名；九华里，乌鲁木齐中路155弄，由业主兄弟"华"字辈排行第九得名；双梅邨，太原路199弄，由业主姐妹俩"梅"字辈得名；梅兰坊，黄陂南路596弄，吴梅溪、吴似兰兄弟各取一字得名；柏德里，石门一路316弄，业主为宝隆医院（现长征医院）创办人德籍柏德医生，以译音得里名；西西坊，马当路354弄，由法籍业主姓名缩写CC字母的译音为坊名。

上海的里名纵然同名的很多，但每个里名都有各自的故事，然而每扇门扉背后都饱含着真正的故事。往事会被淡忘，但某个里、某号家门会永留人心。

顺安里红砖三层楼房

顺安里弄堂南北主道

顺安里东弄石库门及过街楼

顺安里西侧底层老洋行门面

"里"与门牌

清末民国初期时的上海里弄还尚难统一门牌，租界割据造成路名十分杂乱。以民国五年《上海指南》为例，其城厢租界地名表中的路、街、里混杂，门牌设置与邮寄地址现在看来亦令人甚感费解。

上海自古水泽一方，城厢前街后河，城外河浜更多。拆墙填浜后的新筑马路很少有笔直的，弄坊曲径相通。上海本无门牌，但浜与桥却作为地名长期口耳相传下来，《上海指南》的地名表里就有许多桥、浜、牌楼等，如东兴桥、打铁浜、南阳桥、昼锦牌楼等都是虚称，有名无实。岂知来客寻找参照物时一头雾水，如有外来客人，还不如去北站或十六铺接客更好些。

门牌设置之初华洋各异，有腰形的、长方形的，城厢另有保甲门牌。[1] 英租界最早是书写门号和姓氏的木质门牌，是钉门内的。[2] 华屋继以千字文编列确具创意。[3] 1869 年法租界钉设门牌是为了按门牌苛税，[4] 因此多次发生住户拒钉门牌事件，一些居民纷纷摘除门牌。[5] 可见旧时门牌之怪状。

民国时上海特别市成立以后，门牌渐趋于划一。"公共租界或法租界以工部局或公董局所编列的地册号为门牌，在华界的门牌则以市政府所编列的门牌号为标准。"至此，上海门牌才暂且入规。[6]

开埠之初，"邮铺"还处在铺递状态，邮役仅六人。1861 年起租界各方始办书信馆，清光绪四年上海等五城开办邮政，赫德任董事，沪上首现大龙邮票。此前民间信件主要靠沙船业民信局递送，[7] 当时弄堂普遍高悬里匾，竟成了按图索骥的可靠资讯。寄信到"里"的习俗足足延续到 20 世纪六七十年代，信封写上某"里"便大可放心。更可贵的是邮资低廉且投送时间精准，寻"里"远比寻门牌来得方便。

各种乡音、不同语言在上海这座"移民之都"交融，促使沪语快速变化，为此，《上海指南》还增设了《沪苏方言纪要》。令人大惑不解的是，过去外来闯上海滩的庄稼人后代都选择了沪语，成了反客为主的"老上海"，身受古、旧、新的融合大环境。而那些初谙夷场的"小开"竟视父辈故里为"乡下"，这颇得罪人，诘问通常是来自笔端，殊不知对象是缺位的。其实沪上老辈人常常自嘲，以示谦逊与自勉。[8]

而今，里弄中前辈们亲切的沪音渐弱，再用旧方言去指路完全多余，留给新上海人的是依然卓越与豁达的情怀。

上海老门牌

寄往"里"的信
笔者1969年还经常收到直接寄往"里"的信。

1　《同治上海县志》，卷七，第28页。
2　徐公肃、丘瑾璋、蒯世勋著，《上海公共租界史稿》，上海人民出版社，1980年版，第352页。
3　葛元煦（理斋）著，《上海繁昌记》，1878年刻本，卷一，藤堂良骏训点，第26页。
4　《上海市黄浦区地名志》，上海社会科学院出版社，1989年版，第731页。
5　刘惠吾编著，《上海近代史》上册，华东师范大学出版社，1987年版，第197页。
6　陈炎林编著，《上海地产大全》，上海书店出版社，1991年版，第398页。
7　《日用百科全书》，上海商务印书馆，第22编，《邮政说略》；申持中，《民间信邮机构－民信局》，
　　《新民晚报》，1996年5月。
8　熊月之主编，《上海通史》，第4卷，上海人民出版社，1999年版，第57页。

里匾墨宝

近代沪上市井繁荣，茶坊酒肆、店堂商铺的金字招牌便成了兼容并包的墨宝世界，其中上海弄堂的里匾就占了这墨宝天地的很大一块。昔日上海的写招牌高手有汪渊若、天台山农、唐驼等。一般来说，里匾的书写颇为讲究，少不了名家墨迹与名绅学士的挥毫题写：

"品华坊"魏书，天台山严氏书写。

"德生里"隶书，青山农书写。

"勤慎坊"隶书，沈恩孚书写。

"半耕庐"魏书，介石项峥书写。

"慈孝邨"隶书，长乐黄书写。

"金书里"楷书，武进唐驼书写。

"龙门邨"行书，皖南朱曙书写。

"辛庐"行书，陈果夫书写。

"梓园"篆书，吴昌硕书写。

"宁康里"行书，曹福元书写。

"泰亨里"魏书，陆若严书写。

"常乐里"隶书，叶祥本书写。

墨宝中吴昌硕的墨迹颇负盛名，书法雄健古拙，有金石之气。篆刻作品有"印林巨擘"之称，长期寓居吉庆里 12 号。由吴昌硕题写的梓园里弄，曾以接待科学家爱因斯坦夫妇而闻名。

墨迹招牌的沪上名家尤以唐驼题匾留下的卖字笔迹居多。其墨迹以挺拔悦目著称，卒后墓前立"卖字先生唐驼之墓"，是遵其遗言而立的。[1] 唐驼为明代文学家唐顺之后裔，原名字衡，字孜权。五岁丧父，由母亲邹氏抚养成人。由于他自小爱好书法，黎明即起，不论严寒酷暑，从不间断，因辛苦导致佝偻，人称"唐驼子"，便更名驼，字曲人。唐驼乃武进人，生于 1871 年，卒于 1938 年。唐驼在沪期间正逢上海里弄住宅建设的鼎盛时期，上海的许多里匾都留下了他的墨迹。他题写的匾，常以农历记年、武进唐驼落款。唐驼正楷取法颜、柳、欧，尤得柳法，唐驼的楷书能于楷中略添行书意味，挺拔中又有流畅之韵，骨肉停匀，四平八稳，故深得商贾喜爱。里名匾额中，较有代表性的有1924年书写的"金福里""金书里"（峨嵋路15弄、18弄），为唐驼的真迹。他的里匾字体浑厚俊劲，风韵大气、鼎足大楷、布局满为贵，非常适合里弄额匾的需求。

里弄浩瀚，可见，有多少谦谦君子在申城弄堂的里匾上留下书文墨迹，更多的或许是无名的大师。成百上千的上海里匾也是耕字的园地，是申城有别于他山墨林的当代墨宝。

1860年由福建人祝氏集资开设"老介福"（唐驼书），店址在南京东路，是上海历史悠久的呢绒绸缎店

19世纪20年代的金书里（峨嵋路15弄，已拆）金书里的石刻里名凸体额匾，农历纪年，楷书"金书里"，由武进唐驼书写。1923年建，砖木结构二层楼房18幢。

"文化大革命"时期，"金书里"里匾曾被人用灰泥保护

1 柳溥庆，《颜体多宝塔标准习字帖》，北京出版社，1979年版，第28页；钱化佛述，郑逸梅撰，《三十年来之上海》，学者书店版，1947年，第85页。

墙字

    清末民国初期时租界城厢内外商业繁荣，大字招牌见于商铺名号、里弄名匾等，还有巨大的墨迹书于外墙，如：当、酱园、药、南北货等。另有大减价一类旗帜也曾风靡南京路、福州路等市面。南京路上的邵万生外墙上就曾满写"浙宁茶食，南北杂货"的字招。

    20世纪30年代时南京路的店面日趋西化，橱窗重视设计和灯光效果。铺面墙字已经退避小马路或里弄店家。在那里，有的在建筑墙面用水泥做成永久的墙字。

    象庄源大酱园的店面，马路虽小却名震中外。钱家弄万隆酱园则在位于弄堂的南北要道处大做墙面广告。但这种招揽生意的方式已是墙字的末期，落后并且无商品的品牌意识。

钱家弄（淮海中路987弄51号，已拆）
"酱园"大字为墙面的水泥字招，钱家弄著名的万隆酱园，位于弄堂的南北要道口。钱家弄朝南至南昌路有出口，朝西襄阳南路25弄是淮海中路腹地旧式里弄较集中的区域。

庄源大酱园（旅顺路42号，已拆）
高墙上置"酱园"字招，占地约390平方米，四开间石库门。庄源大酱园位于旅顺路与某市路口，庄源大酱园的绿豆大烧、金桔烧闻名遐迩，曾是上海的老字号。旅顺路曾改称"庄源大街""亚德路"。

石路

上海的老式弄堂初建时几乎都为石头路。所谓石皮弄则由长条花岗石铺筑，这种石板条与古镇的街巷相同，以钱庄业为主的吉祥弄就是，而那些简陋的旧里只有低廉的弹硌路了。

早期老式石库门里弄是由形似方桌的宁波红石铺筑，维护很简单，租界与老城厢都有，如三鑫里、萱寿里、三在里的石头路。其时民俗甚浓，如遇"地王爷生日"，住户随俗依石缝插香，进弄后一路跨空隙而入，昏暗中亦别生奇景。

早在清代康熙年间，上海历史上就有一条著名的石路，位于今福建路，是县城连接洋泾浜直至吴淞江的石路，北可通老闸桥，风雨无碍，是由富绅张荣捐资修筑的一条便民担水石路。[1] 当时城里人尚在使用吴淞江太湖之水，可解黄浦江咸潮之困。

约 1856 年，上海租界工部局开始维护道路，翻筑弹硌路。先后从吴淞口采办鹅卵石，[2] 又雇工用一种带长竹手柄的小榔头敲碎石铺路，同时配置人行道及下水管道。

中山南路496弄，吉祥弄的石皮弄内景（已拆）

桃源路与龙门路口旧景，曾为鹅卵石铺筑的弹硌路面（已拆）

三在里的方红石路面

永善路 26 弄，碎石弹硌路，已拆（左）；福建北路
小方石弹硌路（右）

　　早年的"法华民国路"也是上海一条较为特别的石头路。华界、法
界各揽半边马路，"法华路"一边铺柏油路，"民国路"一边是弹硌路，
正方形约四寸花岗石的路面。

　　旧时上海的柏油路毕竟少，大街小巷还遍布弹硌路，每当有铁轮经
过鹅卵石路面，就会发出巨大的声响。这种清晨的车轮噪声，伴着黄浦江
上巨轮深沉的汽笛声，海关大楼传来的幽长的钟声，是百年上海留给人们
的难以忘怀的记忆。

1　《上海市黄浦区地名志》，上海社会科学院出版社，1989年版，第411页。
2　熊月之主编，《上海通史》，上海人民出版社，1999年版，第93页。摘自《上海研究论丛》第二辑，第174页。

涂鸦

　　儿童通过自己的描绘，展示"人之初"的图腾境界，一份纯真的爱和恐惧。这些图画不是建筑装饰，却始终伴随民居的家门而来，从不缺失。上海里弄无数的石库门成了孩子们的"大黑板"，孩子们在上面尽情地展示着自己的创作。大人们常因孩子的涂鸦而感到"惊喜"，并由此开始"启蒙环卫"，但儿童记住的却大多是赞赏。那些上海家门曾是许多前辈生活过的地方，也是我们童年时尽情欢乐的好地方。

闲云草堂（溧阳路1335弄5号）
闲云草堂为旧式里弄，砖木结构二层联排式房4幢，建于20世纪20年代，现与清源里连通。5号为曹聚仁先生旧居，曹女少时的门前照还可见到门额缠枝纹雕花。兹临门下"办家家"的是又一代弄堂小女娘了。

永安里（复兴中路32弄）
1923年建旧式里弄，砖木结构二层楼房5幢。1号原为明德堂，复兴中路34号现为吉安托儿所，幼儿园通常将童画复制在门上。

闲云草堂中的上海小女孩

同福里（南京西路270弄2号，已拆）
同福里建于1926年，砖木结构二层房共47幢，主通道长约158米。门上有孩子的涂鸦。

扑克牌花

据传，扑克牌是由纸质牌九演变而成。来华的传教士将我国的纸质牌九带回西方，逐渐演变成扑克牌。扑克牌又随开埠传到沪上，人们竟然渐渐忘了古老的纸牌九，玩起了时髦的外来纸牌。

上海人的"追新"表面上"无所他顾，败坏古风"，里弄的撷趣也"难说方圆"，非但博古涉今，且将扑克牌牌花装饰在自家门头，四种牌花凑齐才缘遇未曾想到的"牌友"。

上海家门不仅很传统，亦很西化。所谓海派，恰似兼容并蓄的一个开明过程，是几个世纪前康衢里明代礼部尚书徐光启所孕育的小邑遗风，而非表象的追风蹑景。在欧洲人眼里，"海派"可能是"一种超越一切的寻觅，即对现代性坚持不懈的追求"。[1]

海派视野，正如英国史学家汤因比所言："人类历史至少已有 30 万年，文明历史的长度只占整个人类历史长度的 2%，因此，在哲学意义上，所有的文明都是同时代的，等价的，是可以沟通的。"

辅安里 成都北路 255 弄（已拆）
方片象征财富

三瑞里 复兴中路 73 弄
红心象征智慧

糖坊弄 37 弄（已拆）
黑桃象征和平

武定坊 武定路 600 弄（已拆）
梅花象征好运

1 [法] 白吉尔著，王菊、赵念国译，《上海史：走向现代之路》，上海社会科学院出版社，2014 年版，书背语。

后记

上海曾以"万国建筑博览"闻名，步入 21 世纪后，许多名震中外的建筑耸立在繁华的城区，城市轮廓迎来新的巨变。与此同时，老城区里旧街陋巷逐渐被拆除，市民曾经熟悉的街区与老房子已成为历史记忆，离开那些过往的居所是一代人挥之不去的乡愁。

《上海家门：消逝中的城市记忆》史料的收集正处在这样的时间节点上，就在上海南北高架动迁的前后，世纪之交"三年大变样"的上海进入高速巨变期，仅十多年时间，成百上千的里弄民居成为珍贵的历史图片。大量图片的整理、研讨、编撰，转瞬就是三十余年。着手工作，如同一份重托。因本书版面有限，尽力再现更多的经典民居图片，以飨读者。再现那些熟悉又亲切的"家门"，多少能弥补人们"思乡"的情愁。拍摄时，力求体现上海民居儒雅与别致的建筑语言、品格内涵。

早在本书出版前，书中珍贵的历史资料就已广受媒体关注，《新民晚报》《解放日报》《上海交通报》《新闻报》《三航报》等多家媒体先后刊载了报道。在此感谢王蕾、丁宏奇、陈新玲、顾国强、瞿敏凤等一些心怀责任感的媒体人士。

一些专家学者对此也给予了真挚的关切。最初的拍摄仅仅是些单一的石库门，在与陈保平先生的深入探讨中颇受启迪，使得作品内容涵盖了与里弄相关的一些内容，为上海民居的面貌完整贡献了精彩的细节。在标题选定方面，得到《香港生活资讯》总编林淑媛的真诚指点，使得名称更贴近生活。此外，还有许多来家切磋、研讨石库门的热心朋友：新天地项目总经理吴志强先生（中国香港）、上海文艺出版社社长刘育文、上海宣传画收藏艺术馆馆长杨培明、大阪 NHK 仁平雅夫（日本）、文汇新民联合报业集团采编中心阿庄、上海卫视陈城、上海东方电视台冯建国，以及多年的老朋友、老同学的热心担当，借此对他们致以衷心感谢。

编著期间，一篇《有关历史街区保护和存在问题的建议》的书信还得到上海市委回信的肯定与感谢。信中说，时任上海市委副书记殷一璀同志亲自给出了批示意见。在市委、市政府的带领下，上海许多优秀的民居建筑得到了切实的保护，这也是对本书撰写的巨大助力。

值此《上海家门：消逝中的城市记忆》付梓之时，感谢同济大学出版社城市建筑编辑室的鼎力支持。本书能借高校出版社与读者见面，完全是上海方式、上海精神使然。

笔者
2020 年 6 月